SEPT ANNÉES
D'AGRICULTURE PRATIQUE
EN LORRAINE

MÉMOIRE
POUR LE CONCOURS DE LA GRANDE PRIME D'HONNEUR
DE MEURTHE-ET-MOSELLE, EN 1877

PAR

PAUL GENAY

Cultivateur à Bellevue
Ancien Élève de l'École d'agriculture de Grignon
Secrétaire du Comice agricole de Lunéville

Appliquer un système de culture conforme à la situation, augmenter la production en diminuant le prix de revient de l'unité, assurer la perpétuité de la production par l'amélioration du sol, tels sont les trois termes d'une bonne culture.

IMPRIMERIE DE LUNÉVILLE
(C. George, Directeur)
45, RUE SAINTE-ÉLISABETH, 45.

SEPT ANNÉES
D'AGRICULTURE PRATIQUE
EN LORRAINE

MÉMOIRE

POUR LE CONCOURS DE LA GRANDE PRIME D'HONNEUR
DE MEURTHE-ET-MOSELLE, EN 1877

PAR

PAUL GENAY
Cultivateur à Bellevue
Ancien Élève de l'École d'agriculture de Grignon
Secrétaire du Comice agricole de Lunéville

> Appliquer un système de culture conforme à la situation, augmenter la production en diminuant le prix de revient de l'unité, assurer la perpétuité de la production par l'amélioration du sol, tels sont les trois termes d'une bonne culture.

IMPRIMERIE DE LUNÉVILLE
(C. George, Directeur)
45, RUE SAINTE-ÉLISABETH, 45.

AVERTISSEMENT

La technique de l'agriculture ne devrait être autre chose qu'un application de sciences fort diverses. Malheureusement nous n sommes point encore arrivé au jour où, par des déductions pure ment scientifiques, on sera à même d'expliquer et mieux encor d'indiquer, à priori, toutes les pratiques nécessaires pour une cul ture déterminée, dans une situation connue. Nous sommes de ceu qui croyent à l'avenir de l'application des sciences à toutes les pra tiques agricoles. Telle est notre foi avec M. de Gasparin et cett foi se fortifie et grandit en présence des travaux des hommes d sciences agriculteurs tels que Boussingault l'était à Bechelbronn tel que le sont à Rothamsted MM. Lawes et Gilbert. Pour faire pro gresser l'agriculture par la science, il faut, à l'imitation de ce illustres savants, que les hommes de sciences se fassent cultivateurs qu'ils résident au milieu des champs afin que, sachant l'agricultur et connaissant les besoins intimes, ils puissent appliquer aux fait agricoles pris sur le vif, dans les conditions culturales ordinaires les méthodes scientifiques.

En attendant une application plus complète des sciences à l'agri culture pratique, il me paraît, qu'un des meilleurs moyens de fair progresser l'art agricole consiste dans la description, sous form de monographie, des méthodes et procédés agricoles propres à un situation déterminée, appuyés sur l'observation des faits et sur le expériences spéciales : sur l'observation qui prend ses notes au jou le jour sans arrangements prémédités; sur les expériences qui, dans des conditions préalablement déterminées et avec des dispositions particulières destinées à manifester les résultats, posent à la nature des questions spéciales. Ces sortes d'expériences, application de la méthode expérimentale à postériori ou synthèse, sont d'autant plus précieuses au point de vue pratique, qu'elles se rapprochent davantage des conditions ordinaires de la production agricole.

Sous le titre de *Sept années d'agriculture pratique*, j'offre aux agriculteurs, surtout à ceux qui débutent dans la carrière, la monographie exacte et sincère de mon exploitation agricole de Bellevue. J'entends ne présenter que des faits bien démontrés par une pratique suffisante, qu'ils soient ou non d'accord avec les idées généralement reçues.

Le présent travail n'a point été fait primitivement en vue d'être livré au public. Désirant présenter mon exploitation agricole au concours pour la grande prime d'honneur qui devait être décernée en 1877 dans le département de Meurthe-et-Moselle, j'ai dû, me conformant au programme ministériel, rédiger un mémoire. Un ami, agriculteur, ayant eu connaissance de ce mémoire m'engagea à le publier ; je soumis ce conseil à la commission ministérielle lors de sa seconde visite à Bellevue, elle l'approuva. Je me déterminai d'autant plus facilement à suivre ces avis, que j'ai souvent tiré, pour moi-même, de ces sortes de publications de très-utiles enseignements.

Avant de publier mon mémoire, écrit en février 1876, j'ai cru nécessaire de le remanier légèrement pour le faire profiter de l'expérience qu'une nouvelle année avait ajouté aux précédentes. J'ai cherché aussi à donner aux différents chapitres une suite logique, de manière a toujours bien éclairer la marche et à en faciliter l'intelligence. C'est en particulier cette raison qui m'a engagé à réserver tous les chiffres pour la dernière partie, que j'appelle partie économique, parce que les chiffres n'ont de valeur précise que si toutes les circonstances, si toutes les pratiques agricoles sont préalablement bien connues.

L'exploitation agricole de Bellevue a été une œuvre d'amélioration foncière et culturale. J'ai mis dans cette œuvre tous les soins, tout le zèle et toutes les connaissances que peut avoir un homme q'une vocation spéciale a attiré vers l'agriculture, qui a eu l'avantage précieux d'étudier pendant 3 années dans la première école d'agriculture de son pays, à Grignon, sous des maîtres distingués, et qui appartenant à une nombreuse famille de cultivateurs de l'arrondissement de Lunéville, s'est allié par le mariage a une autre de ces grandes familles agricole, comme le département de Meurthe-et-Moselle est fier d'en compter, qui se font gloire de leur profession, qui préfèrent le morceau de pain mangé à l'ombre de la libre charrue, au comfort des villes, qui patriotiquement supportent courageusement les difficultés et les ennuis de la position en considérant

Qu'améliorer le sol
C'est servir la patrie
Et que dompter la terre
C'est faire l'œuvre de Dieu.

Bellevue, 15 *Juin* 1877.

1re PARTIE

ÉTUDE DE LA SITUATION

1re SECTION

SITUATION CLIMATÉRIQUE ET ÉCONOMIQUE

Position. — L'exploitation agricole de Bellevue que je présente au concours, est placée sur les territoires de Lunéville et de Chanteheux, canton de Lunéville Sud-Est. Le domaine est traversé par la route nationale de Paris à Strasbourg et par le chemin de fer de l'Est. Les bâtiments d'exploitation sont situés sur la route nationale à 4 kilomètres de distance des stations de Lunéville et de Marainviller. Les villages les plus rapprochés sont ceux de Chanteheux et de Croismare.

Climat. — L'exploitation est donc placée au Nord et à l'Est des montagnes des Vosges, séparée de ces dernières par une distance de 30 à 40 kilomètres. Ce voisinage influe sur le climat en le rendant plus froid que dans la majeure partie du département. Aussi la végétation est-elle habituellement de 8 jours en retard sur celle des environs de Nancy.

Les hivers sont rigoureux (1) et ne donnent pas toujours assez de neige pour préserver de la gelée les plantes hivernales, colza et blé. Depuis 1869 les colzas ont été deux fois complètement détruits, le blé d'hiver de pays a fortement souffert en 1871 et, en cette même année 1871, les blés étrangers ont été anéantis. Les gelées blanches sont fréquentes au printemps elles sont à craindre jusqu'à la fin de mai, elles causent de graves dommages aux seigles et aux colzas lorsqu'ils sont en fleurs, aux trèfles, aux jeunes pousses des pommes de terre et aux prairies naturelles. Le printemps

(1) En 1871 et en 1872 le thermomètre centigrade à minima est descendu en dessous de 22°. En 1876 j'ai constaté une température de 17° avec peu de neige, aussi les blés étrangers ont souffert. En été les températures de + 35 + à 38° centigrades ne sont pas rares.

est souvent tardif; l'été, sec et plus ou moins chaud, l'automne, ordinairement sec. Le climat est salubre.

Les années les plus favorables à la production végétale sont celles qui sont chaudes et plutôt sèches qu'humides.

Débouchés, commerce, productions du pays. — Il se tient chaque semaine à Lunéville un marché considérable; on y trouve le placement de tous les produits agricoles. Les ventes de grains se font de plus en plus sur échantillons; à l'automne et au printemps la pomme de terre donne lieu à un commerce très-actif. La présence d'une division de cavalerie qui compte 2,500 chevaux, offre un important débouché aux foins et aux pailles. Les fumiers produits par cette population chevaline sont vendus à la culture et au jardinage.

Il n'y a pas de foires; le commerce du bétail est entre les mains des israélites.

Les produits du pays sont très-variés. Les terres fortes argilo-calcaires produisent surtout le blé et peu de bétail. Dans les terres légères on s'adonne à la culture des pommes de terre et du seigle. Le houblon est la plante industrielle la plus cultivée après la vigne. On voit aussi quelques champs de tabac. La culture de l'osier, pour la vannerie, gagne chaque jour du terrain.

Population, main-d'œuvre. — La ferme est distante de deux kilomètres des villages de Chanteheux et de Croismare. Ce dernier village, beaucoup plus populeux que le premier, fournit seul à l'exploitation les bras dont elle a besoin.

La main-d'œuvre devient rare et difficile. L'augmentation des salaires ne paraît pas devoir faciliter les relations entre les chefs d'exploitation et les ouvriers. Le luxe menace de remplacer l'économie traditionnelle.

Les hommes sont relativement abondants pendant l'été. En hiver le travail dans les forêts leur offre un salaire souvent aussi élevé que celui de l'été. Les femmes et les filles sont de plus en plus rares aux champs. La ganterie et la broderie sont leurs occupations favorites.

La coutume des manœuvres, possesseurs ou locataires de terrains, existe ici et c'est grâce à elle que l'on trouve encore une main-d'œuvre stable. Pour des prix fixés à l'avance, le cultivateur exécute tous les travaux d'attelage des manœuvres, qui à leur tour font ceux des cultivateurs. Pendant les grands travaux des récoltes le fermier ne peut compter que sur ses manœuvres.

Le plus grand malheur de l'agriculture au point de vue de la main-d'œuvre c'est de ne pouvoir, dans la généralité des cas, offrir un travail régulier et pendant toute l'année. C'est pourquoi les machines qui remplacent les bras dans le moment des récoltes sont de plus en plus désirées.

2e SECTION

LE DOMAINE

Situation, étendue, constitution, configuration, exposition. — Le domaine présente une étendue de 93 hectares 19 ares 75 centiares, il est presque d'un seul tenant.

Les terres forment une plaine légèrement inclinée au Nord et à l'Ouest, ouverte au Nord et à l'Est. Elle est bordée au Sud et à l'Ouest, sur une longueur de 2 kilomètres, par la forêt domaniale de Mondon, qui arrête les vents chauds du midi. C'est donc une exposition froide, qui se fait surtout remarquer au printemps par un grand retard dans la végétation.

L'altitude varie entre 237 mètres et 245 mètres.

Sol, formation géologique, qualités, défauts, propriétés. — Le sol est formé par un transport de grés bigarré et vosgien dont la puissance varie de $1^{m},50$ à 3 mètres de profondeur. Sur certains points on rencontre le grés fortement mêlé de cailloux quartzeux et granitiques. On trouve aussi en approfondissant les labours, des morceaux, pesant jusqu'à 200 kilog., de conglomerats caillouteux, fort durs, dans lesquels le ciment a une couleur ocreuse et une apparence ferrugineuse.

La couche arable est un limon siliceux ou silico-argileux, un peu rude, ayant du corps et usant rapidement les instruments. Son épaisseur est actuellement de 18 à 25 centimètres. Quand la terre est de bonne prise, elle est d'une culture facile, se laboure à la profondeur de 20 centimètres avec deux chevaux du poids moyen de 500 kil. vivant. Le dynamomètre enregistre alors un effort de 150 à 200 kilog. La sécheresse durcit le sol au point d'y rendre impossible le labourage ; l'humidité le délaye et il ne peut plus alors porter ni hommes ni animaux ; labouré quand il est trop mou il se petrit sous l'action de la charrue, les bandes cirent comme dans une argile, et si, dans cet état, il est surpris par une sécheresse, il devient comme une brique et s'oppose à toute végétation. La gelée, ni aucun agent atmosphérique, n'ont de prise sur ce sol qui a une grande tendance à se resserrer et à se clore. La pluie et les orages le battent et forment à sa surface une croûte qui peut devenir très-dure. Blanc par la sécheresse, il est grisâtre par la pluie. Comme tous les grès, c'est un terrain pauvre, froid et acide, dont les parties les plus chargées d'oxyde de fer sont infertiles, Lent à s'échauffer, il conserve assez bien sa fraîcheur. Les semailles des céréales doivent être exécutées de bonne heure en automne à cause du déchaussement qui est à craindre. La pomme de terre, le seigle et l'avoine sont les plantes économiques qui réussissent le plus facilement ; le blé, le trèfle et la betterave étaient, avant mon exploitation, d'une réussite incertaine.

La végétation naturelle comprend la ravenelle ou sené blanc, la camomille, le bleuet, la spergule, l'agrostis spicaventi, la violette, la petite oseille, la bruyère, la patience, le chanvre sauvage, la fougère, le genet, le vulpin des champs, le gnafal des champs.

Sous-sol. — Le sous-sol est semblable au sol quand à son origine et à sa constitution. Il est presque partout complètement imperméable et présente une grande résistance à la charrue quand on veut l'entammer. Il est tout à fait infertile, les berges des fossés sont de longues années avant de se couvrir d'une végétation quelconque. Sous peine de ne pas récolter, on ne doit le mélanger à la couche arable que petit à petit.

Lorsqu'on pénètre avec la charrue dans le sous-sol il se dégage une odeur nauséabonde semblable à celle des queues d'étangs.

Bâtiments, eaux, chemins. — Les bâtiments d'exploitation ont été élevés, partie en 1819, partie en 1845. Ils sont disposés autour d'une cour assez vaste et suffisent largement aux besoins de l'exploitation qui était autrefois beaucoup plus considérable. Un vaste jardin, clos de murs, est attenant aux bâtiments.

Il n'y a pas de sources naturelles. Les eaux nécessaires pour le ménage et les animaux sont extraites de puits. Ces eaux que l'on trouve dans des bancs de grèves peu profonds sont d'excellentes qualités.

Près de 3000 mètres de chemins d'exploitation desservent les terres de la ferme.

Faire valoir, mode de jouissance. — Je fais valoir directement. Bellevue est une propriété indivise que j'ai achetée en mai 1869 avec M. Hanriot mon beau-père.

Je jouis de la portion qui ne m'appartient pas en vertu d'un bail de 18 années. Ce bail, qui me donne toute liberté, au point de vue de la culture, m'oblige à conserver 15 hectares de terres en prairies naturelles, à moins qu'à cet égard une nouvelle convention écrite n'intervienne.

J'ai joint le 11 novembre 1869, par location, à mon exploitation, deux pièces de terre d'une contenance de 7 hectares 78 ares 31 centiares situées près des bâtiments. Le bail de ces dernières, qui est de 18 années, me donne toute liberté au point de vue de la culture.

Entrée en ferme. Répartition du fonds. — J'ai pris possession du domaine comme exploitant le 16 juin 1869. Je ne reçus alors que 4 hectares de terres arables, les prairies, les gazons et les friches. Le reste me fut remis au fur et à mesure de l'enlèvement des récoltes.

A cette époque le fonds se répartissait de la manière suivante :

1° Domaine de Bellevue.			
Terres arables.	45 h.	48 a.	48 c.
Houblonnières épuisées et hors d'âge . . .	2	82	13
Prairies et gazons à faucher	27	02	36
Friches	5	48	64
Mares	0	38	73
Chemins	2	17	69
Bâtiments, cours.	0	55	44
Jardin et verger enclos	1	47	96
2° Terres louées en dehors.			
Gazons épuisés	6	49	08
Terres arables, anciennes carrières	1	29	24
Total. . . .	93 h.	19 a.	75 c.

Historique du domaine. Coup d'œil sur la culture antérieure. — Avant 1813 la plus grande partie du domaine appartenait à la ville de Lunéville. C'était un morceau de 80

80 hectares de terres en friches, sans constructions ni chemins. Ces friches étaient connues dans le pays sous le nom de grand pati des Brouines (bruyères) parce que ce triste végétal y croissait à peu près seul. Les habitants des communes de Chanteheux et de Croismare y envoyaient, faute de mieux, leurs bestiaux en pâture. En 1813 la ville fut autorisée à vendre ces terrains. Ils furent adjugés après enchère au prix de 24,000 francs.

Les premiers bâtiments furent construits en 1819. Le défrichement date de cette époque. Il était complètement terminé en 1836 à la mort de l'acquéreur. Les habitants du pays, contemporains du défrichement racontent que, pendant longtemps, la seule culture possible fut le seigle ensemencé après jachère sur de petits champs bien bombés, pour faciliter l'écoulement des eaux. On ne récoltait que dans la moitié haute du champ où était accumulée la terre végétale. En 1836 la ferme qui comptait 83 hectares dont 12 engazonnés fut louée au prix de 33 francs l'hectare à M. Pierre Richard. C'était un cultivateur actif et aimant son art qui cherchait, et appliquait tous les moyens qui lui paraissaient propres à mettre le sol en état de produire de belles récoltes.

Mais les eaux retenues dans la couche arable par un sous-sol imperméable entravaient les cultures et stérilisaient en partie les engrais. La culture arable dans ces conditions était ruineuse.

Ce fut vers 1845 que pour sortir de ces difficultés, M. Richard eut l'idée de transformer en prairies naturelles toutes les terres qui manquaient d'écoulement. Ces terres nivelées, furent ensemencées d'herbes et on en entretint la production au moyen de fumures en couvertures. En 1860 à la mort de M. Richard, 16 hectares de terre avaient été engazonnés par lui et 5 hectares autrefois cultivés, mais abandonnés comme trop humides, devaient l'être encore.

A partir de cette époque les choses en restèrent au point où elles se trouvaient et, désireux de quitter l'exploitation, mon prédécesseur y appliqua pendant 9 années une culture de sortie de ferme.

État du domaine lors de l'entrée en ferme. — Les terres étaient à peu près épuisées quand à la fertilité. Les mauvaises herbes y pullulaient. La couche arable présentait une épaisseur qui variait de 12 à 16 centimètres. Certaines pièces des plus humides étaient restées souvent sans être cultivées. Les champs étaient disposés en planches de 4 à 7 mètres de largeur, très-fortement bombés ; dans certaines pièces le dossa des planches était de 80 centimètres plus haut que le réal. Les champs, forcément dirigées suivant la pente, présentaient un réseau de pièces qui s'entrecroisaient. Une multitude de fossés d'égouttement coupaient les terres.

Les houblonnières n'étaient bonnes que pour le défrichement. Elles étaient anciennement plantées et n'avaient jamais reçu de fumier.

Les terres engazonnées, non fumées depuis longtemps, étaient épuisées et, sur bien des points, la bruyère reparaissait. Le produit devenu insignifiant, était fourni en majorité par la petite fetuque, herbe que la faux ne peut presque pas couper.

La fenaison de 1869, année de foin, m'a produit en moyenne 1000 kil. à l'hectare. Les prés les plus mauvais, les plus envahis par la fetuque ont dû être donnés à moitié.

Dans les prairies comme dans les terres arables, et plus encore, la moindre dépression du sol se remplissait, pendant la saison pluvieuse, d'une eau ferrugineuse brûnâtre ayant un reflet nacré et une odeur nauséabonde.

Les bâtiments non entretenus depuis de longues années étaient délabrés. L'eau manquait dans les puits pendant les années sèches.

Les chemins trop larges sur certains points étaient généralement en assez bon état. Pendant les années très-sèches (1865, 1870, 1874) la grande mâre, située en dessous des bâtiments, était sans eau.

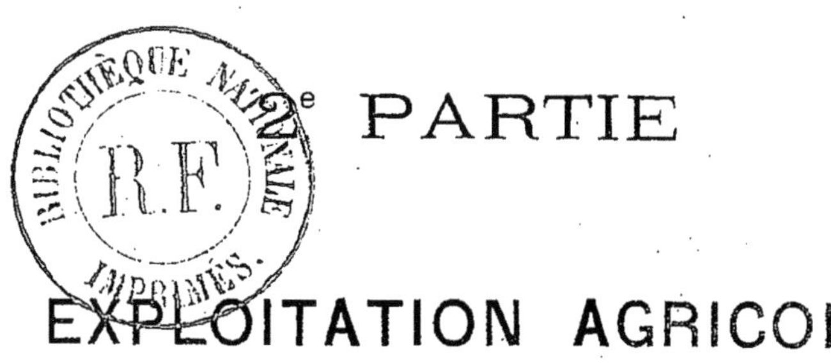

2e PARTIE

EXPLOITATION AGRICOLE

PARTIE TECHNIQUE

1re SECTION

DÉTERMINATION DU SYSTÈME DE PRODUCTION

Nous venons de passer en revue toutes les circonstances pouvant déterminer le système de production le plus profitable dans notre situation.

Nous avons vu : 1° Que le sol léger frais et froid de notre exploitation était favorable à la culture des pommes de terre, du seigle et de l'avoine (plantes destinées à la vente.)

2° Que les prairies artificielles et les betteraves (plantes destinées à la consommation) ne se plaisaient point dans notre terre.

3° Que les gazons ou prairies naturelles n'y donnaient un produit qu'à la condition de recevoir des fumures suffisantes.

4° Que le débouché était ouvert aux pommes de terre, à l'avoine, au seigle et aux pailles.

5° Que l'on pouvait se procurer, en suffisante quantité, les fumiers nécessaires pour fertiliser le sol.

D'après toutes ces considérations, et malgré nos préférences particulières, nous avons arrêté, comme étant le plus conforme à notre situation, un système de production végétale, basé sur la culture de la pomme de terre, du seigle et de l'avoine, avec vente de tous les produits non consommés par les attelages et avec achats de fumiers de cavalerie.

C'est ce programme, arrêté dès 1870, dont nous allons faire connaître l'application.

2e SECTION

AMÉLIORATIONS FONCIÈRES ET CULTURALES

Drainage. — Nous avons constaté qn'il était impossible, dans l'état ou les choses en étaient en 1869 de faire une culture productive.

La cause principale de cet état de choses, étant la stagnation des eaux dans la couche arable et à sa surface, le drainage était naturellement indiqué. Dans notre opinion, il a été le grand levier qui a déplacé la situation en permettant de cultiver la terre avec économie.

Un grand chimiste, Liebig, qui, comme la plupart de ses confrères, voyait volontiers toute l'agriculture dans une balance d'importation de matières fertilisantes et d'exportation des mêmes principes sous forme de récoltes, a dit que le drainage est un moyen d'épuiser le sol puisqu'il permet d'obtenir de meilleures récoltes. Je ne sais s'il voyait juste, mais je ne le pense pas, à moins cependant d'admettre que les engrais se sont accumulés, en conservant leur valeur, quand ils sont confiés à un sol, plein d'eau pendant une partie de l'année, dur comme une brique pendant le reste, parce que l'eau stagnante en a resserré les molécules et l'a rendu impénétrable à l'air, sans parler de sa *mauvaise condition* pour les plantes. Pour moi, je crois que les engrais placés dans ces conditions sont partiellement détruits, l'eau stagnante les a annihilés, au moins les plus précieux et les plus chers, les engrais azotés, en admettant, ce qui n'est pas démontré, que les engrais minéraux ne peuvent être rendus inertes par ces causes.

Enfin, quoi qu'il en soit, l'observation démontre que par le drainage le sol est rendu : 1° moins compacte, plus accessible aux agents atmosphériques et à l'action fertilisante de l'air, dont la présence dans le sol est encore indispensable, d'abord pour détruire la vieille acidité, ensuite pour le maintenir en état sain; 2° Il a permis de faire en bonne condition les travaux de culture, plus tôt au printemps et plus tard en automne, ce qui veut dire moins d'attelage et de main-d'œuvre pour un même produit; 3° Il a donné aux engrais une plus grande valeur fertilisante, ce qui veut dire que 1000 kil. d'engrais fourniront plus de blé, de pommes de terre, etc. On se souvient que 1871 fut une année très-humide, eh bien, cette année-là, mes drainages n'étant point terminés, j'ai constaté que les terres non drainées, fumées et cultivées comme les autres, avaient fourni une récolte moitié moindre de celle plantée en terres drainées.

J'ai fait venir pour exécuter le drainage une bande d'ouvriers belges habitués à ce travail.

Le drainage a été exécuté pendant les hivers 1869-1870 et 1871-1872. La guerre n'a pas permis de le terminer pendant l'hiver 1870-1871, on ne pouvait alors se procurer de tuyaux.

J'ai fait faire les plans par le service hydraulique. M. Maugras était alors conducteur du service à Lunéville. C'est sous sa direction que le plan des travaux a été exécuté.

Le drainage a été fait avec des tuyaux en terre cuite, posés dans le fond des tranchées, bouts à bouts, sans aucun couvre-joint ni manchon. Aucun tuyau n'a manqué et il n'y a eu aucune infiltration de terre.

L'étendue totale des drains et collecteurs était au 1er juillet 1872 de 44392m,40.

La dépense totale s'est montée à :

Main-d'œuvre, 8822,22. }
Tuyaux et conduite, 8599,35. } 17,421f,57.

Du 1er juillet 1872 au 1er janvier 1877, 3873m,20 de longueur de drainage, ayant coûté 1450 fr. ont été ajoutés aux premiers. Ce qui porte l'étendue totale des drains à 48,265m,60, la dépense totale à 18871f,57 pour une étendue de 62 hectares.

Le drainage n'a pas été exécuté régulièrement sur toute la superficie, mais seulement suivant le besoin contaté. C'est ainsi que, sur certains points, en terrain bien plat, un espacement de 20 mètres entre les drains d'assèchement a été suffisant, avec 5 millimètres de pente par mètre au minimum et 1 mètre à 1m,20 de profondeur dans les tranchées. Avec une profondeur inférieure à $0^{m},90$, on a dû rapprocher les lignes de drains. Dans toutes les cuvettes et dépressions, bas de pièces, quelle que soit la profondeur, il a fallu mettre les lignes de drains à 10 mètres les unes des autres.

Quelques personnes ont paru craindre que le drainage ne rendit la terre trop sèche. C'est le contraire qui est vrai, les terres drainées maintenant leur fraîcheur plus longtemps que les autres. D'ailleurs le drainage n'enlève l'eau que lorsque la terre en est saturée, l'eau qui trouve son écoulement dans un sous-sol perméable et on sait que les terres perméables ne sont pas forcément des terres sèches.

Bâtiments, eaux, chemins. — J'ai du réparer tous les bâtiments qui étaient fort délabrés et aussi changer, pour la facilité du service ou pour cause de salubrité, la disposition de certains locaux (écurie et vacherie.)

J'ai fait en outre deux logements d'ouvriers, disposé des séchoirs à tabac, construit une étuve d'un nouveau modèle pour sécher le houblon, drainé la cour de ferme et établi un poulaillier qui utilise en hiver, au profit de la volaille, la chaleur de l'écurie.

L'eau n'était fournie que par deux puits qui, dans les années ordinaires, étaient à sec pendant 2 à 3 mois. J'ai trouvé à 30 mètres des puits une nappe d'eau qui en était séparée par une couche d'argile. Cette couche a été percée (1869) depuis lors nous n'avons jamais manqué d'eau.

La grande mare ou pièce d'eau située en dessous des bâtiments de la ferme était desséchée dans certaines années. Je l'ai creusée en 1874 et j'ai augmenté en profondeur son cube de 1000 mètres. Cette pièce d'eau, à portée des bâtiments, est très-précieuse, elle sert de réservoir pour l'irrigation des prés, de lavoir pour le bétail qui peut s'y baigner, et dans un cas d'incendie on trouverait de l'eau à proximité.

Pour l'agrément elle est empoissonnée avec carpe et carrache ; ces deux espèces y prospèrent et sont d'excellente qualité. Les eaux qui remplissent cette mare proviennent de terres étrangères à l'exploitation. Le drainage de la cour de la ferme s'y rend également.

Les chemins sont entretenus, améliorés avec une grève quartzeuse blanche que l'on trouve dans le voisinage. Je suis obligé d'entretenir un chemin communal de près de 1000 mètres qui donne accès dans les terres.

Améliorations culturales. — Le drainage une fois exécuté j'ai pu me livrer à toutes les améliorations culturales destinées à faciliter la culture et à la rendre plus lucrative.

La première et la plus importante, entre toutes, a été la destruction des plantes adventices. Les difficultés que l'on rencontre pour tenir une terre nette, chargée seulement de la récolte qu'on lui demande sont incroyables. C'est une lutte de tous les instants dans laquelle il ne faut laisser aucun avantage à l'ennemi qui est là, dans le sol, chez lui, vivra d'autant mieux et sera d'autant plus difficile à détruire que la terre sera plus fortement fumée. Il est beaucoup plus difficile d'obtenir un sol bien net de mauvaises herbes que de faire un sol riche et même fertile.

On a abordé le régime des fortes fumures et fait une culture intensive comme l'exigeait la situation.

Le chaulage des terres a pu être fait en bonnes conditions.

Les mauvais gazons ont été rompus et mis en culture.

Les champs, nivelés à la charrue, ont été cultivés à plat et on les a dirigés dans le sens de leur plus grande longueur, 300 à 360 mètres. Cette disposition est économique en ce qu'elle facilite et accelère le labourage et tous les autres travaux exécutés par les machines. L'épaisseur de la couche arable a été portée à 20 et à 25 centimètres.

Plus de 3000 mètres de fossés ont été comblés et rendus à la culture.

Enfin il n'y a plus de terrain perdu, plus de dérayures sans récoltes, chaque raie de charrue occasionnant une dépense donne un produit.

3e SECTION

ORGANISATION DE L'EXPLOITATION

SYSTÈME DE CULTURE.

Répartition actuelle des terres de l'exploitation. — Les terres de l'exploitation se répartissent actuellement (1er janvier 1877) de la manière suivante.

Terre arable en rotation	72 h.	07 a.	62 c.
Houblonnière	1	50	00
Prairies.	15	07	00
Pièce d'eau	0	38	73
Chemins, gazons le long du bois (0 h. 70), chambre d'emprunt.	2	20	00
Bâtiments, cours, pelouses.	0	55	44
Jardin et verger enclos	1	47	96
Total. . .	93 h.	19 a.	75 c.

Assolement. — L'assolement suivi est complétement libre. Les probabilités du marché, la nécessité du nettoiement du sol, la main-d'œuvre possible et, autant que faire se peut, la régularité des travaux des attelages, sont les principaux points qui attirent mon attention dans la fixation de l'assolement, en m'en tenant aux plantes permises par le sol, par le climat et par le débouché.

Il a été le suivant pendant chacune des années 1874, 1875 et 1876.

	1874		1875		1876	
Pommes de terre, y compris celles des manœuvres .	23 h.	75	25 h.	69	24 h.	20
Tabacs	1	00	0	96	1	00
Betteraves.	4	02	3	00	1	16
A reporter. . . .	28 h.	77	29 h.	65	26 h.	36

Report. . . .	28 h.	77	29 h.	65	26 h.	36
Topinambours	0	84	0	65	0	84
Maïs fourrage et à grains.	0	00	0	40	1	60
Luzerne.	0	35	0	35	0	35
Trèfle et fléole.	3	20	4	80	4	80
Blé.	4	70	7	15	0	60
Méteil	8	00	5	00	10	50
Seigle	1	50	4	75	»	»
Avoine	16	50	19	25	25	42
Chou cabu.	0	20	»	»	0	10
Colza.	3	20	»	»	»	»
Jachère pour colza . . .	4	70	»	»	»	»
Carottes.	»	»	»	»	0	30
Vesces	»	»	»	»	0	65
Sarrazin	»	»	»	»	0	48
Totaux. . . .	71 h.	96	72 h.	00	72 h.	00

Rotations. — Je fais succéder les récoltes les unes aux autres de façon :

1° A assurer le nettoiement et le maintient de la propreté du sol, les dépenses de toute nature profitent alors aux plantes cultivées et non aux végétaux parasites ;

2° A ce qu'une récolte précédente serve de préparation à la récolte qui suit, ce qui diminue les frais ;

3° Que l'on ait toujours le temps, après l'enlèvement de la récolte précédente, de préparer convenablement le terrain pour l'ensemencement qui doit suivre, sans qu'il soit nécessaire d'augmenter l'équipage normal (gens et chevaux).

En dehors de ces règles je reste libre.

Voici quelques exemples des rotations qui m'ont donné les meilleurs résultats.

Rotation avec trèfle.

1re année, Pommes de terre fumées.
2e » Avoine puis chaulage.
3e » Seigle, méteil ou blé.
4e » Trèfle et fléole des prés.
5e » Pommes de terre fumées, etc.

Rotation avec 2 plantes sarclées de suite.

1re année, Pommes de terres fumées.
2e » » ou betteraves fumées.
3e » Avoine.
4e » Seigle, méteil ou blé, puis plantes sarclées.

Rotation avec tabacs.

1re année, Tabacs fumés très-fortement.
2e » Betteraves avec engrais chimiques, maïs fourrage.
3e » Pommes de terres puis tabacs, etc.

J'ai laissé de côté les exemples de rotation avec colza parce que j'ai du abandonner la culture de cette dernière plante qui n'offrait pas assez de résistance à nos hivers (1).

La première rotation avec trèfle, est appliquée sur la plus forte et la moins bonne partie de l'exploitation, 48 à 49 hectares. Les terres plus rudes, moins profondes et moins fertiles donnent, pour une même quantité de fumier, des récoltes moindres que celles sur lesquelles est appliquée la rotation avec 2 plantes sarclées se suivant. La récolte coûteuse, la pomme de terre, occupe dans cette première rotation une surface relativement restreinte, ordinairement les 3/10 de l'étendue et on y tient régulièrement une pièce de trèfle mélangé de fléole, la moins dispendieuse des cultures et la plus améliorante.

Le second exemple s'applique à un petit lot de 17 hectares de terres, plus douces et plus profondes, sur lesquelles je puis au besoin réussir la betterave.

Les pommes de terre qui y occupent, quand il n'y n'y a pas de betteraves, la moitié de la surface, y donnent d'excellents produits, beaucoup plus élevés que dans l'exemple précédent. Il en est de même des autres récoltes.

(1) L'observation suivante me porte à croire que la gelée du colza, subie à Bellevue pendant les hivers 1870-1871 et 1874-1875, résultait du changement de semence, les graines provenant des environs de Lyon. Mon voisin et ami, M. Suisse, de Moncel, a semé, en août 1875, une pièce de terre en colza, partie avec des belles semences bien noires, provenant des environs de Lyon, partie avec des semences de pays. Au printemps, le colza provenant des graines méridionales était entièrement détruit, tandis que l'autre avait parfaitement résisté à la gelée. Il faut voir sans doute dans ce fait, un effet remarquable d'acclimatation, car les deux colzas appartiennent à la même variété.

La rotation avec tabacs est particulière et est la seule qui soit régulièrement suivie. Elle s'applique sur une surface de 3 hectares. Ce sont des terres situées près de l'habitation et par conséquent bien placées pour faciliter la surveillance et le travail qu'exige une rotation aussi intensive.

Ces rotations sont basées sur l'observation des faits et sur l'expérience locale. J'ai pendant 3 années semé le trèfle dans l'avoine qui suivait la pomme de terre. Dans cette position la légumineuse a toujours manqué. Après une magnifique levée, la plante commençait à s'en aller vers le mois de juin, se dégarnissait de plus en plus et l'hiver arrachait par déchaussement les plants restants. La semaille dans les grains d'hiver m'a toujours réussi, les meilleurs résultats ont été obtenus dans le seigle.

On a vu aussi que je fais volontiers un seigle ou un méteil après une avoine. Voici à cet égard mes observations. Je les relate parce qu'autrefois j'étais imbu d'idées toutes contraires qui m'ont été désavantageuses en pratique.

1° Le seigle semé après l'avoine donne un bon rendement.

2° Il se défend parfaitement des mauvaises herbes *à lui tout seul.*

3° La semaille se fait en septembre dans de bonnes conditions.

4° Il ne peut être semé après une plante sarclée, à cause de l'époque trop tardive de l'arrachage sous notre climat.

Si de plus on considère: que l'avoine qui suit la plante sarclée est fort bien placée, qu'à l'époque du charroi des plantes sarclées, charroi qui occupe tous les équipages, il n'y a pas d'autres travaux à exécuter et qu'il ne faut pas alors de surcroît d'attelages, on reconnaîtra que cette succession de culture est avantageuse parce que elle est économique, car, tout en maintenant le sol en grand état de propreté, elle donne plus de produits à vendre et occasionne moins de frais. Ces avantages sont bien compris par les cultivateurs mes voisins, qui, d'après mon exemple, adoptent de plus en plus cette rotation de culture.

Mes terres étaient tellement remplies de semences de ravenelle que je ne suis pas encore parvenu à les en purger complètement. Je devrai modifier mes rotations de manière à ne faire revenir l'avoine qu'après deux plantes sarclées qui, lorsqu'elles sont bien travaillées, me laissent des terres très-propres et presque entièrement exemptes de cette plante adventice. La ravenelle laissant tomber ses graines avant la récolte de l'avoine, se multiplie et se propage toujours par les soles de cette céréale. Les semailles en lignes, avec passage de la houe à cheval, n'opposent à ce mal qu'un remède non complétement efficace.

Le tableau de mes assolements montre que je fais très-peu ou pas de jachère. Depuis que j'exploite Bellevue, je n'ai pas eu en tout plus de 16 hectares de terres en jachère, et cela seulement pendant les 4 premières années. Je croyais qu'avec un capital suffisant, dans une terre légère, placée dans une situation où l'on ne manque ni de fumier, ni de main-d'œuvre, où l'on peut faire avantageusement des plantes sarclées, l'on pouvait, l'on devait complétement se passer de jachères. En ceci j'ai eu grand tort. Sans doute, comme moyen de *fumure*, la jachère était à Bellevue anti-économique; mais il n'en était pas de même comme moyen de *fertiliser* le sol, comme moyen de le nettoyer des plantes adventices et comme moyen de faciliter la répartition du travail des attelages.

Autre chose est un sol fumé — autre chose est un sol fertile. La fertilité provient des fumures accumulées dans de *bonnes conditions culturales*, c'est la vieille graisse. Or, toutes choses égales d'ailleurs, les récoltes sont proportionnelles à la fertilité et non à la fumure. Les premières fumures, je ne l'ai que trop vu, sont dévorées dans un sol pauvre, la terre se les assimile sans doute avant de les laisser à la disposition des récoltes. C'est cette propriété qui rend complétement fausse, erronée et dangereuse la proposition d'un économiste à savoir, que si l'on double la *fumure on double la récolte*. C'est la fertilité qu'il faut doubler, résultat que l'on n'obtiendra peut-être qu'en décuplant les fumures et encore en y mettant le temps.

La jachère, par le mélange de toutes les parties du sol et par l'aération qui en résulte, augmente beaucoup l'effet fertilisant d'une fumure donnée, et son effet s'est fait sentir chez moi sur trois et quatre récoltes successives.

Boussingault considérait la jachère comme une nitrière artificielle. Des agronomes-chimistes lui ont répondu, par le ballon et la cornue, que l'on trouvait moins d'azote dans les nitrates que la terre n'en contenait sous une autre forme avant l'opération. Mais, partageant l'opinion de Boussingault, nous disons, d'après les expériences sur les cultures des blés, orges et avoines de Lawes et Gilbert, que ces plantes cultivées depuis de longues années consécutives sur des terres qui recevaient chaque année 35,000 kilog. de fumier par hectare, n'ont reproduit que de 10 à 14 0/0 de l'azote de ces fumures, l'autre partie n'étant sans doute point assimilable, mais pouvant le devenir peut-être, dans une certaine mesure, par l'intermédiaire de la jachère.

Quoi qu'il en soit, je suis convaincu que si dans les 3 ou 4 premières années de mon faire valoir, j'avais fait passer toutes mes terres par la jachère, j'aurais avancé de beaucoup, en les angmentant, l'époque des grands bénéfices.

FORCES PRODUCTIVES NATURELLES.

Rente. — Je jouis du service productif de la ferme de Bellevue moyennant un fermage total de 6090 francs, y compris la part qui me revient comme propriétaire, soit environ 66 francs par hectare.

FORCES PRODUCTIVES ARTIFICIELLES.

1° TRAVAIL.

Main-d'œuvre. — Le *personnel à l'année* se compose :

1° D'un contre-maître travaillant à la tête des ouvriers,

2° De trois charretiers ;

3° D'un employé qui soigne le bétail à cornes, les porcs, les fumiers, etc., etc.

Tous ces serviteurs, hormis un seul, sont mariés et se nourrissent chez eux. Cette coutume n'est point en usage dans le pays. Comme toutes les choses en ce monde, elle présente des avantages et des inconvénients. Selon moi, les premiers compensent bien les seconds.

Le contre-maître habite un logement sur la ferme. Les hommes non nourris ont leur demeure dans le village de Croismare qui est à 2 kilomètres. L'employé nourri couche à l'écurie dont il est le gardien de nuit.

Le service est réglé de la manière suivante :

Par les grands jours, les charretiers doivent arriver à la ferme à 4 heures 1/2 du matin pour le pansement. Ils partent le soir à 7 heures.

En fenaison et en moisson, on termine souvent la journée après 8 heures du soir, par contre la journée commence en hiver à 5 heures 1/2 le matin et finit à 5 heures 1/2 le soir.

Les salaires sont pour les charretiers de 70 francs par mois, plus 20 ares de terrain pour planter des pommes de terre, quelques travaux de culture et le charroi du combustible pour leur ménage.

Le contre-maître reçoit naturellement davantage. Ce dernier est chez moi depuis 5 ans ; les charretiers comptent respectivement 7, 5 et 4 années de service.

Les *Journaliers et les Tâcherons* sont fournis le plus ordinairement par les manœuvres. Les arrangements avec les manœuvres sont actuellement les suivants : Le labourage leur est compté, à l'hectare, 20 francs ; le hersage 5 francs ; les voitures à 1 ou 2 chevaux, quand on ne sort pas du finage 1 franc ; le terrain pour planter les pommes de terres, cultures comprises 100 francs, etc.

Par contre je paie la fauchaison des prairies 10 francs à l'hectare ; la moisson (coupe sans liage) des grains d'hiver 20 francs ; celle des grains de printemps 15 francs.

La journée d'homme en hiver se paie 2 francs, celle de femme 1 fr. 20. En été les hommes reçoivent 2 fr. 50 les femmes 1 fr. 40. Pendant la moisson ces prix sont plus élevés et on ne doit compter que sur les manœuvres.

Les tâcherons gagnent suivant le travail et la saison de 2 fr. 50 à 5 fr. par jour. Le travail des tâcherons coûte toujours superficiellement moins cher que celui des journaliers, même quand ces derniers sont bien suivis. Mais il est très-souvent mal fait et l'insubordination générale accueille mal les observations les mieux fondées. L'élévation des prix ne faisant qu'empirer cet état de choses, j'ai dû limiter les travaux faits à la tâche à ceux qui sont d'une vérification très-simple. Les salaires donnés pour les travaux faits à la tâche, sont actuellement les suivants :

Répandage de fumiers autres que celui de moutons
(30,000 à 40,000 kil. à l'hectare) . . . . 4 »

Défoncement à 2 fers de bêche à l'hectare. . . . . . . 500 »
L'arrachage des pommes de terre (suivant l'abondance des tubercules) à l'hectare. . . . . 70 à 90
Ou bien de 7 à 12 centimes le panier de 25 à 26 kil.
L'arrachage des betteraves à l'hectare. . . . . 30 à 40
La culture du houblon, sans la cueillette, à l'hectare. . 325 »
La cueillette du houblon, le kilog. vert. 0 05
Le bottelage du foin, compris la confection de liens, les 1000 kilog. 2 50

Plusieurs familles de manœuvres sont à mon service depuis que j'exploite la ferme.

Attelages. — J'ai 9 chevaux, 8 sont constamment employés aux travaux de l'exploitation.

Ces attelages sont composés sans aucun luxe, de chevaux de bonne force du poids moyen vivant de 500 à 600 kilog. Le service est très-actif car, les travaux étant convenablement exécutés et en temps voulu, je tiens à avoir le moins d'attelages possible. Les chevaux exécutent tous les travaux de l'exploitation y compris le battage des céréales à la machine, les livraisons des produits de l'exploitation et le transport des fumiers de caserne.

En été les attelages sont dehors de 5 heures du matin à 11 heures moins un quart et de 1 heure à 6 heures et demie du soir. En hiver, à part le battage, que l'on commence et que l'on termine à la lumière, le jour marque le commencement et la fin du travail.

La nourriture des attelages varie suivant les saisons, le travail, les ressources de l'année et le prix des denrées.

Dans le courant de l'année 1876 cette nourriture a été distribuée de la manière suivante. (Voyez le tableau à la page suivante.)

J'ai observé que la pomme de terre cuite et les topinambours crus et frais donnés dans des proportions modérées, sont d'excellentes nourritures pour les chevaux de trait. Le seigle cuit soutient mieux les chevaux qu'une augmentation d'avoine dans les moments de très-forte presse. L'avoine est donnée concassée depuis 1872, il y a à cette pratique une économie positive.

Les chevaux sont attelés au collier ; il y a quelques bricoles pour ceux qui sont momentanément blessés par le collier. A la batteuse on se sert de bricoles spéciales.

PÉRIODES	Nombre de chevaux.	Nombre de jours.	Foin		Pommes de terre.		Avoine		Menue paille.		Paille[1].		Topinambours.		Sons.		Germes d'orge[2].		Seigle cuit.	
			par jour.	total.	par jour.	total.	par jour	total.	par jour.	total.	par jour.	total.	par jour.	total.	par jour.	total.	par jour.	total.	par jour.	total.
			kil.	kil.	kil.	kil.	kil.	kil.	kil.	kil.	kil.	kil.	kil.	kil.	kil.	kil.	kil.	kil.	kil.	kil.
du 1er au 9 décembre	9	8	40	320	120	960	21	168	60	48	4	320								
du 9 au 24 décembre		15	70	1050	120	1800	14	210	80	120	2	300								
du 24 déc. au 20 fév.		58	70	4060	60	3480	14	812	80	464	2	1160	60	3480						
du 20 au 26 février.		6	70	420			15	90	30	18	2	120	150	900	3	18				
du 26 fév. au 23 mars		26	60	1560			22	572	20	52	2	520	150	3900	3	78				
du 23 mars au 1er av.		9	60	540			42	378	20	18	2	180	100	900	6	54				
du 1er au 9 avril....		8	60	480			49	392	20	16	2	160	100	800	8	64				
du 9 avril au 7 mai..		28	40	1120			49	1372	20	56	5	1400	100	2800	8	224				
du 7 au 27 mai.....		20	90	1800			49	980	20	40	2	400			8	160				
du 27 mai au 16 juin.		20	80	1600	(vert.)		23	460	20	40	2	400			3	60				
du 16 juin au 9 juillet		23			(id.)		16	368	10	23	2	460			3	69	6	78		
du 9 juil. au 12 sept.		65	70	4550			23	1495	10	65	2	1300			3	195	6	390		
du 12 au 29 septemb		17	60	1020			49	833	10	17	2	340			8	136	6	102		
du 29 sept. au 23 oct.		24	60	1440	140	3360	21	504	20	48	2	480							15	360
du 23 au 29 octobre.		6	60	360			63	378	80	48	2	120							carottes.	
du 29 oct. au 3 nov.		5	60	300			43	215	80	40	2	100								
du 3 au 7 novembre.	10	4	40	160			24	96	70	28	5	200							150	600
du 7 nov. au 1er déc.		24	40	960			225	540	70	168	5	1200							150	3600
		366		21740		9600		9863		1209		9160		12780		1058		570		4200

[1] Litière et consommée.
[2] Les germes d'orge me paraissent, après deux expériences, constituer une mauvaise nourriture pour les chevaux de trait.

Le livre auxiliaire du travail des attelages, montre que chaque cheval a fourni dans l'année 2,175 heures de travail effectif. Ces heures se répartissent de la manière suivante :

En Décembre	1875,	170	Journées de	8 heures,	soit 1360	heures.
Janvier	1876	137	id.	8	1096	id.
Février	id.	108,5	id.	8,5	922	id.
Mars	id.	126	id.	10	1260	id.
Avril	id.	193,5	id.	10	1935	id.
Mai	id.	192,5	id.	10	1025	id.
Juin	id.	138,5	id.	10	1385	id.
Juillet	id.	126	id.	10	1260	id.
Août	id.	123	id.	10	1230	id.
Septembre	id.	197	id.	10	1970	id.
Octobre	id.	197,5	id.	10	1975	id.
Novembre	id.	127,5	id.	8,5	1083,5	id.

Lorsque les intempéries retardent beaucoup les travaux du printemps, j'augmente mes attelages de 2 ou 4 bœufs qui sont ensuite engraissés.

Mobilier mort, instruments et machines. Je possède tous les instruments et machines nécessaires pour mon exploitation. Ils sont toujours tenus en état de service. Voici la nomenclature du mobilier mort qui a été estimé, à l'inventaire du 30 juin 1876, à 13,985 fr. 15.

3 bisocs Dombasle ; 2 araires Dombasle ; 1 défonceuse Dombasle, versoir acier ; 1 sous-soleuse Read ; 1 herse belge-scarificateur ; 8 herses Noël-Dombasle et volées à 2 et à 3 herses ; 5 herses Noël-Dombasle petites (1 kil. à la dent) ; 4 herses Howard (0 k. 700 à la dent) ; 1 herse chaîne Howard ; 2 avant-trains Dombasle ; 1 rayonneur Dombasle avec gros et petits pieds ; 1 rouleau Dombasle à 24 disques ; 1 rouleau cannelé en bois à 6 tronçons ; 1 rouleau cannelé en bois à 2 tronçons ; 1 semoir Smyth à avant-train ; 1 houe Delahaye à céréales et à plantes racines ; 4 houes à cheval ordinaires ; 2 buttoirs ; 1 marqueur pour planter pommes de terre et betteraves ; 6 chariots à jantes de 3 pouces ; 4 chariots à jantes de 2 pouces ; 1 tonneau à purin monté ; 3 tombereaux cubant 1^{m},25 à jantes de 3 pouces ; 1 tombereau vieux ; 5 guimbardes pour foins et gerbes ; 6 fonds de chariots pour sacs, terres, fumiers ; 20 madriers à chariot ; 8 harnais à colliers ; 3 dossières ; 5 avaloirs ; 3 bricoles ;

8 paires de traits en cuirs et chaînes ; 9 brides d'écurie, dossières, sous-ventrières, etc. ; 4 colliers à bœufs et harnachements ; 6 balances (volées) à 2 chevaux ; 4 paloniers isolés ; 1 volée à 3 chevaux ; 2 volées pour limonières ; 1 faucheuse Sprague et 4 scies ; 1 moissonneuse Governor : 1 rateau à cheval ; 1 faneuse : 1 machine à battre en travers, son manége à 2 transmissions et les charpentes d'installation ; 1 concasseur Valck-Virey ; 1 hache-paille Dombasle ; 1 coupe racines ; 1 laveur de racines ; 1 chaudière à cuire les légumes (265 litres) ; 1 cribleur-trieur Josse ; 1 trieur Vachon ; 1 tarare Dombasle ; 1 cage à tabacs ; 1 grande bascule à bétail ; 1 bascule de greniers ; 3 coffres ; 300 sacs ; 10 bâches à houblons ; 2 bâches à voitures-guimbardes ; 12 fourches américaines à 4 dents ; 2 fourches américaines à 3 dents ; Rateaux à mains, béchoirs, binettes, crocs, croissant, mobilier d'écurie, 2 lits de domestiques montés, etc. ; 4 traits de perches ; 5170 perches à houblons ; une étuve à raquettes ; séchoirs à tabacs, ficelles, pointes, etc., une forge et ses accessoires.

2° ENGRAIS.

Les engrais sont de diverses sortes. *1° Fumiers.* La plus grande partie provient de la cavalerie qui tient garnison à Lunéville. Les chevaux de cavalerie étant des animaux adultes, bien nourris, peu fatigués, produisent d'excellents fumiers, fort riches en matières fertilisantes. On leur reproche d'être souvent pailleux et d'être toujours trop secs. On corrige facilement ce dernier état au moyen de l'arrosage.

Il résulte d'expériences directes que les chevaux produisent en fumier entre 1, 3 et 1, 4 fois le poids de matière sèche consommée, poids naturel pour sec, le fumier étant pesé à la sortie de l'écurie sans avoir reçu d'eaux de pluie. La ration actuelle étant de : foin 3 k. 500, paille 4 k. 500 et avoine 4 k. 550 soit 12 k. 550. Nous avons 17 kil. de fumier pour la production journalière de un cheval.

Ce fumier ne renferme pas assez d'eau pour fournir une bonne fermentation, si on ne l'arrose il prend le blanc. De 30 0/0 de matières sèches qu'il renferme il faut, par une addition d'eau, le ramener à n'en renfermer que 25 0/0, ce que l'on obtient en ajoutant 20 0/0 de son poids d'eau. On a donc en fumier normal 20 kil. 400 de fumier par journée de cheval au prix de 83 millimes, cela met le prix des 1000 kil. de fumier, en caserne, à un peu plus de 4 fr. les 1000 kilog.

Suivant la quantité produite à la ferme, nous achetons chaque année des fumiers en suffisance pour appliquer à nos terres, sur une étendue de 30 à 35 hectares, 12 à 1,300,000 kil. de fumier, soit environ 14,000 kilog. par hectare et par année.

2° *Engrais chimiques.* Ces engrais ont chez moi, dans les années pas trop sèches, rempli le rôle de la vieille graisse ou fertilité, en permettant aux plantes d'utiliser plus complétement les engrais-fumiers confiés au sol. C'est ainsi que j'ai trouvé très-économique de payer le kilog d'azote de nitrate de soude 2 fr. 50, tandis que je trouvais lourd de payer le kilog du même corps, mais sous une autre forme, dans le fumier de cavalerie à 1 fr. 50 rendu dans les champs. A en croire les analyses et leurs auteurs, le fumier vaudrait 16 et 18 fr. les 1000 kilog, mais les analystes oublient de tenir compte, et ne le peuvent d'ailleurs, de toutes les circonstances qui donnent ou ôtent de la valeur aux engrais. Je signale cette théorie et celle de la récolte proportionnelle à la fumure comme fausse en principe et tout à fait dangereuse aux cultivateurs. Si au lieu de s'en tenir à l'analyse on recourait un peu plus souvent à la synthèse on ne tomberait pas dans de pareilles erreurs.

Les engrais chimiques ont été à Bellevue l'objet d'expériences très-nombreuses. J'aime la méthode expérimentale à postériori et quand les plantes manifestent à travers les années la même opinion, je m'y fie. Seuls, les engrais ammoniacaux m'ont donné des résultats économiques et encore faut-il que les printemps ne soient pas trop secs. Ainsi en 1871, 1872 et 1873 les résultats ont été excellents tandis qu'en 1870, 1874 et 1875 l'augmentation des produits n'a pas couvert la dépense. Le nitrate de soude paraît être ici l'engrais concentré le plus efficace. Les sels de potasse non plus que les phosphates, essayés sous toutes les formes connues, n'ont été productifs.

La dépense en engrais chimiques ou de commmerce, autres que fumiers, a varié dans ces dernières années entre 1800 et 3000 fr.

3° *Chaulage.* Le blé ne venait pas autrefois à Bellevue. Des expériences spéciales m'ont appris que le chaulage était la pratique nécessaire pour obtenir de bonnes récoltes de blé, mieux faire grainer les autres céréales et peut être le chaulage permettra-t-il dans l'avenir la culture de la luzerne.

J'ai actuellement 38 hectares de terrains qui ont été chaulés. Cette opération a nécessité l'emploi de 202 mètres cube de chaux en pierre et a occasionné une dépense totale, en achat de chaux, de 2500 francs.

3° CHOIX DES VARIÉTÉS DES PLANTES CULTIVÉES.

Un de mes premiers soins en prenant l'exploitation de Bellevue, a été de rechercher, après avoir arrêté les espèces de plantes qui devaient entrer dans mon assolement, quelle était dans chaque espèce, la variété préférable dans mon cas particulier. Toutes les espèces de plantes agricoles présentent en effet de très-nombreuses variétés ou familles possèdant des propriétés, qualités et défauts, qui leurs sont propres. Le cultivateur doit donc étudier ces propriétés pour s'approprier ensuite les variétés qui donnent, dans sa situation, les meilleurs résultats économiques. J'ai du m'éclairer par des expériences spéciales. Ces expériences, naturellement fort longues, ne sont point terminées et je les continue chaque année. J'ai déjà obtenu des résultats précieux qui sont devenus l'objet d'une application générale.

1° *Pomme de terre.* Entre une vingtaine de variétés, celle dite de Jeuxey m'a toujours donné les meilleurs résultats. C'est une variété tardive, peu sujette à la maladie, d'un rendement excellent, donnant un tubercule de bonne qualité recherché pour la consommation humaine et aussi pour la féculerie.

2° *Avoine.* L'avoine jaune du Nord, connue aussi sous le nom d'avoine des Salines, est depuis 4 années à peu près exclusivement cultivée. Elle est rustique, ne craint pas, quand les intempéries l'exigent, une semaille tardive, et elle fournit un bon rendement d'un grain d'une bonne qualité. La paille est abondante, résiste bien à la verse, et se vend bien.

3° *Blé.* Je suis moins fixé pour le blé que pour les deux plantes précédentes. Le blé de pays avec un faible produit verse très-facilement. J'ai cherché à le remplacer par un blé plus productif, présentant une paille raide et marchande, avec un grain de bonne qualité et ne craignant pas la chaleur et la sécheresse de nos étés non plus que la rigueur de nos hivers.

Depuis 3 années, le blé de Hunter paraissait remplir toutes ces conditions. Mais pendant l'hiver 1875-1876, avec une température sans neige de — 17°, ce blé a souffert de la gelée qui l'a partiellement détruit, Semé côte à côte avec le Hunter, le blé de pays n'avait aucunement souffert. Je puis dire ici, que depuis deux années je cherche, par la méthode de la sélection et de la génération, à créer une famille de blé de pays permettant d'utiliser les terres fertiles, en donnant une bonne récolte, versant moins facilement et conservant, de ses qualités originaires, la résistance aux hivers et la qualité du grain.

Les blés de printemps m'ayant presque toujours donné des résultats très-médiocres, je n'en ai point continué la culture.

4° *Seigle.* Je cultive la variété du pays qui est rustique et très-productive.

5° *Trèfle.* C'est le trèfle rouge ordinaire qui est cultivé. J'achète ma semence chez des voisins dont je sais les champs exempts de cuscute.

6° *Betteraves.* Pour les repiquages je donne la préférence à la jaune des barres.

4e SECTION

PROCÉDÉS DE CULTURE

Préparation mécanique du sol et travail des instruments. — *Labourage.* Le labourage a lieu en très-larges planches plates dirigées dans le sens de la plus grande longueur des pièces. Afin d'avoir les planches les plus larges possible, sans être obligé d'augmenter démésurément la largeur des tournées, moitié de chaque planche est endossée et moitié fendue. Les dérayures peuvent, de la sorte être, sans inconvénients, espacées de 35 à 36 mètres.

La profondeur varie suivant les cas de 8 à 25 centimètres. Je tiens à approfondir la couche arable, ce qui, à cause de l'infertilité du sous-sol, ne peut se faire que petit à petit en prenant à chaque fois 2 à 3 centimètres de nouvelle terre dans le sous-sol.

Le sol de ma ferme demande à être fréquemment labouré à cause d'abord de sa grande tendance à se resserrer ; mieux notre sol est aéré, plus ses particules sont divisées, plus il est fertile. D'un autre côté rien n'est plus propre que les labours fréquents pour faire germer d'abord et pour détruire ensuite les herbes adventices; enfin, les vers de toutes sortes se développent mal et périssent dans un sol souvent remué. Sous ce dernier rapport les cultures après les moissons, en août et septembre sont les plus précieuses. Il faut avoir soin ici, de ne labourer le sol que lorsqu'il est de *bonne prise* c'est-à-dire lorsque le sol étant mou, la charrue l'ameublit et ne le taille pas en mottes molles mais compactes. Si le sol est labouré dans ce dernier état, nous obtenons une terre gâtée qui, quoique l'on y fasse, s'oppose dans l'année à une bonne végétation. Les labours donnés par la sécheresse, pourvu que la terre ne s'arrache pas en mottes, sont toujours bons.

L'*Araire* Dombasle, à versoir d'acier, a été seul employé au labour pendant les deux premières années de l'exploitation. Attelé de deux chevaux avec un seul homme, on laboure par journée, à la profondeur de 16 á 18 centimètres, 60 ares de terrain.

Bisoc. Quand les champs bombés eurent été assez applanis, je fis faire, sur ma demande expresse et d'après mes indications, un *bisoc* à la fabrique de Nancy. Ce premier bisoc, père d'une très-nombreuse famille, me donna toute satisfaction et je m'en suis toujours servi de préférence à l'araire qui est moins économique. Aujourd'hui je possède trois bisocs, ce qui me permet, avec trois charretiers, 8 chevaux et 4 bœufs, de faire 6 charrues et de labourer par jour 3,60 à 4 hectares à la profondeur de 16 à 18 centimètres. Je puis avec cet instrument, labourer jusqu'à 22 et 25 centimètres de profondeur, mais alors il faut un attelage de 6 chevaux.

Pour le déchaumage, il n'y a pas de meilleur instrument que le bisoc dépourvu de ses versoirs et armé de grands socs à ailes tranchant toute la largeur de la raie.

Sous-soleuse. A cause de la mauvaise qualité du sous-sol que l'on ne peut ramener brusquement à la surface, j'ai, dans le principe, essayé d'approfondir la couche arable par le sous-solage. Ce travail a été exécuté sur plusieurs hectares, pendant plusieurs années, mais il a été abandonné, l'effet sur les récoltes ayant été nul. Je me servais pour exécuter ce travail d'une sous-soleuse un peu plus légère que celle de Read, qui, attelée de 4 chevaux et suivant un araire, remuait le sol (labour compris) à 40 centimètres de profondeur.

Scarificateur. C'est une herse à dent plate en tirebouchon. Il divise la terre en la retournant un peu. Avec 4 chevaux on scarifie 3 hectares dans une journée.

Herses. Celles dites Noël, de la fabrique de Nancy, du poids de 2 kil. 500 à la dent, servent pour les gros hersages. Trois éléments armés de 45 dents, emportant 2^m,70 de large, tirés par 4 chevaux conduits par un seul homme, hersent dans une journée à un trait 4 h. 80. Un autre herse de même forme comptant 75 dents, pesant seulement 1 kil. à la dent me fait la même quantité de travail avec un attelage de 2 chevaux. La herse Howard à 4 éléments et 80 dents du poids de 700 grammes à la dent, herse avec 2 chevaux jusqu'à 6 hectares par jour. Ces deux herses donnent un travail d'une grande finesse.

Rouleaux. Le squelette de Dombasle à 24 disques en 6 tronçons indépendants sert à raffermir les grains d'hiver toujours plus ou moins déchaussés au printemps. Il est dans ce cas attelé de deux chevaux. Quand il doit briser les mottes il est attelé de 4 chevaux. Le rouleau de 3^{m},50 de large à tronçons en bois, cannelés horizontalement, donne les roulages légers ; avec 2 chevaux il peut expédier 3 hectares dans une après-midi. Les roulages légers, sur terres ensemencées, donnent ici des résultats, bons avec la sécheresse, mauvais avec l'humidité. Au printemps j'ai soin de ne rouler que lorsque la terre est parfaitement ressuyée.

Semoir. Depuis 1872 je sème tout au semoir. J'ai été obligé de procéder ainsi parce qu'avec mes cultures à grandes planches les semeurs étaient souvent perdus.

Je me sers depuis 1874 de l'excellent semoir Smyth à avant-train et à 8 rangs. Attelé de deux chevaux je puis ensemencer 2 h. 40 à 2 h. 80 par journée. Je dirige les lignes du semoir de l'Est à l'Ouest, qui est la direction des deux vents dominants. Cette direction a de l'importance à cause dela verse des céréales qu'on dit être alors empêchée dans une certaine mesure.

Houe multiple à céréales et à plantes sarclées. A la suite de la semaille des céréales au semoir et comme son complément, j'ai introduit la houe multiple de Delahaye-Obry, de Bohain (Aisne). Cet instrument armé de 14 socs mobiles en acier, houe 7 lignes de céréales à la fois. Attelé d'un cheval on opère, avec 2 hommes, sur 3 hectares par jour. Les socs se rebattent comme des socs de charrue. Cet instrument se transforme en houe à 3 rangs pour les plantes sarclées.

Houes et Buttoirs. Les houes à cheval Dombasle servent pour la culture des plantes sarclées. Les buttoirs sont légers et fabriqués sur place. Attelés d'un cheval, ces instruments travaillent par jour une surface de 1 hectare 60 cent., les houes un peu moins, les buttoirs un peu plus.

Faucheuse-Moissonneuse. Je possède la faucheuse Sprague qui fonctionne bien dans les prés en coupant en moyenne 20 ares à l'heure. Transformée en moissonneuse, j'ai obtenu un excellent travail sur le pied de 25 ares à l'heure. Avec 2 chevaux, 2 charretiers, 4 ou 6 releveurs et 2 ou 3 lieurs et confectionneurs de dizeaux, on moissonne par jour avec cette machine, 1 hectare 60 à 2 hectares 40 ares, suivant la force de la récolte, son état et surtout suivant le vent du moment qui permet ou ne permet pas de prendre la pièce en tournant autour. Ainsi : 1° récolte non versée ou légèrement appuyée avec vent faible, on tourne autour de la pièce en coupant sur les 4 côtés ; 2° vent moyen et même état de la récolte, on coupe sur 3 côtés en laissant intact, le côté où il faut aller dans le sens du vent ; 3° vent violent ou récolte versée, on ne coupe que sur un côté en allant contre le vent ou contre la verse. Plus les céréales sont grandes, plus ces précautions doivent être prises.

La *Faneuse* et le *Rateau à cheval* sont précieux. Avec un cheval la faneuse secoue à l'heure le foin produit par 60 à 70 ares, le rateau fait près du double.

Chariots. Ils sont tous à limonières avec roues à jantes de 8 centimètres et demi. Pour la rentrée du foin et des gerbes on met dessus une légère guimbarde. Pour les transports du fumier, des racines, de la terre, etc., un fonds et des madriers suffisent. J'attelle ordinairement dans les champs 2, 3 et quelquefois 5 chevaux sur les chariots. Sur la route un charretier conduit deux voitures, la première attelée de 2 ou 3 chevaux, la seconde d'un cheval. J'ai remarqué que les chariots attelés d'un cheval n'étaient pas économiques les conducteurs, si coûteux aujourd'hui, étant mal utilisés.

Batteuse. Les céréales sont rentrées en grange et le battage se fait à la batteuse en travers, mue par un manége. Le travail est très-variable suivant la grenaison des gerbes et la longueur des pailles.

Concasseur. Le manége qui donne le mouvement à la machine à battre, fait encore fonctionner à volonté un concasseur pour l'avoine et si l'on veut un hache-paille.

Le concasseur grand modèle de Valek-Virey, écrase par heure 150 à 200 litres d'avoine, suivant l'état d'usure des cylindres.

Tarare. Cribleur-Josse. Les grains de commerce sont nettoyés avec le tarare Dombasle. L'excellent cribleur Josse sert à la préparation des semences, il enlève les grains légers ; le petit trieur Vachon sépare les graines rondes.

Engrais. — 1° *Fumiers*. Les fumiers de la ferme sont sortis chaque jour des écuries et mis en tas sur plate-forme, ils sont immédiatement répandus très-régulièrement, de manière à laisser le moins d'air possible dans le tas. L'arrosage se pratique quand il en est besoin. Il en est de même pour les fumiers de caserne qui sont mis en tas sur plate-forme au fur et à mesure de leur arrivée à la ferme. Le tas est disposé de manière que les chariots chargés puissent monter dessus. Le déchargement est rendu plus prompt et on obtient un tassement précieux qui empêche une trop forte fermentation et permet de retrouver le fumier tel qu'on l'a mis. Les fumiers de cavalerie ne fournissant pas de purin, on arrose avec de l'eau s'il en est besoin.

Avant d'employer le fumier, je tiens à ce qu'il ait subi un commencement de fermentation. J'ai reconnu en effet que dans nos terres froides, les fumiers frais, non fermentés, donnaient de moins bons résultats que les autres, même avec une quantité moindre en poids. Nous ne remarquons jamais ici, dans les récoltes, comme cela se voit dans les terres chaudes, les places où les animaux de trait ont fienté ou uriné en préparant le sol. Il y a là, une indication de de l'état dans lequel on doit employer des fumiers.

Les fumiers sont toujours appliqués aux plantes sarclées, houblonnières, trèfles, prairies. On les conduit autant que possible pendant l'hiver, lorsqu'il gèle, car alors les travaux des attelages sont restreints et les champs sont de véritables routes ce qui facilite beaucoup le transport. Le fumier est déposé en fumerons espacés les uns des autres de 7 mètres. Chaque soir le fumier conduit dans la journée est répandu, que le sol soit ou non couvert de neige. L'expérience m'a appris que, dans cette saison, le fumier ainsi répandu, non seulement ne subit pas de pertes mais encore fertilise davantage et plus également.

Sur le jeune trèfle et sur les prairies on conduit en septembre et on répand aussitôt.

2° *Composts*. Pendant l'hiver, alors que le séjour des chevaux à l'écurie est prolongé, je me sers pour faire la litière de fanes de pommes de terre, de tiges de topinambours et de menues paille,

Les fumiers qui proviennnent de cette litière sont mis en tas avec les boues de cour et sont employés sur les prairies naturelles.

3° Engrais chimiques. Je n'emploie jamais ces engrais avant l'hiver mais au printemps : en couverture, s'il s'agit de grains hivernaux, immédiatement avant la semaille pour les grains de printemps, avant le repiquage pour les tabacs et betteraves et avant le premier hersage qui suit leur plantation pour les pommes de terre.

On répand ces engrais à la volée. Afin de les répandre plus également on les mélange avec des cendres lessivées séchées. Les semeurs sont habitués à mettre par hectare un mélange de 4 hectolitres. On le prépare en ajoutant plus ou moins de cendres suivant la dose d'engrais a appliquer, dose que je fais varier suivant les cas.

4° Chaulage. Je reçois la chaux pendant les mois de mai, juin et juillet, je la mets en silos sur la tournée, non ensemencée et jacherée, de la pièce de terre qui doit être chaulée. On fait le silos épais, à raison d'environ 1 mètre cube de chaux par mètre courant de silos, et on recouvre la chaux avec 80 centimètres d'épaisseur de terre, en donnant au silos la forme d'un dos d'âne. On rebouche chaque jour les fissures qui se forment dans la terre, par suite de l'augmentation de volume que prend la chaux en se délitant. Quand la récolte, toujours une avoine, est enlevée et que le sol a été déchaumé, on conduit la chaux, on la dépose, comme on le fait pour le fumier, en petits tas espacés de 7 mètres les uns des autres, on répand immédiatement et on scarifie chaque jour avant la nuit le terrain sur lequel la chaux a été répandue, puis après un labour on sème le blé ou le méteil.

Semailles et semences. — Les semailles des céréales se font toutes au semoir et en lignes. Je trouve à ce procédé une supériorité marquée sur la semaille faite à la volée à la main.

D'une manière générale, j'ai remarqué que toutes les semences lèvent mieux, en plus grande quantité et plus régulièrement, quand elles sont déposées sur une terre ferme et que l'on ramène de la terre meuble par dessus. C'est ainsi que l'on distingue toujours les semences déposées dans les ornières que les chariots porteurs de semences ont fait dans les champs, et le rayon du semoir qui passe sur la trace de la roue porteuse se distingue toujours à la levée. Il n'y a d'exception à ce dernier fait que lorsque la terre est humide, alors l'effet est contraire car le grain pourrit et ne lève pas ou lève mal. Sous le rapport de la quantité de semence à répandre par hectare, le semoir permet une grande régularité. Cependant il faut tenir compte de l'état plus ou moins coulant du grain et de l'état plus ou moins motteux de la terre. Avec une terre motteuse, le même distributeur met moins de grains qu'avec une terre exempte de mottes ; avec un grain coulant le même distributeur met plus de semence qu'avec un grain moins coulant. En général, pour une surface donnée, j'emploie une quantité de semence relativement forte, parce que nos terres prennent mal la semence, suivant l'expression locale, c'est-à-dire que la levée est toujours pénible.

Je cherche toujours à semer de bonne heure à l'automne afin que la jeune plante prenne de la force avant l'hiver. Au printemps je sème aussitôt que possible, mais seulement quand la terre est en bon état d'ameublissement.

Toutes les semences sont triées et criblées avec soin. Les plus belles semences, celles qui présentent le plus de nourriture au germe sont choisies. Avec ces soins je n'ai pas encore reconnu l'utilité du changement de semences dans le même climat. Je dis dans le même climat, parce que j'ai remarqué, pour l'avoine jaune du Nord, que le changement de climat amenait un changement dans l'époque de la maturité. Ainsi la récolte venue sur semence tirée directement du Nord est toujours plus tardive que celle venue de semences déjà récoltées plusieurs fois dans le pays.

Moisson. —En traitant des procédés de culture spéciaux à chaque espèce de plantes, je décrirai les travaux de la moisson qui sont variables avec la nature du grain. Nos gerbes sont plus tôt petites que grosses, du poids moyen de 7 à 9 kil. bien sèches au moment du battage d'hiver. Etant dans l'habitude de lier sans laisser sécher les javelles sur terre, l'usage des petites gerbes est indispensable afin que les récoltes puissent bien sécher en dizeaux avant la rentrée. On lie les gerbes avec des liens faits de paille de seigle récoltée un peu sur le vert et battue au fléau sur l'aire de grange.

Défrichement des gazons. — Comme on l'a vu par la répartition du fonds, j'ai défriché près de 20 hectares de gazons presque improductifs dont le drainage avait permis la culture.

J'ai employé deux méthodes. La première, qui a malheureusement été la plus générale, a consisté en un simple labour de $0^{m},20$ donné en hiver ou au printemps avec semis d'avoine.

La seconde, la bonne, a consisté en un premier labour profond donné au printemps, 2 ou 3 hersages d'été et une bonne jachère à 4 labours l'année suivante, avec semis d'une céréale d'hiver. Cette seconde méthode a été suivie immédiatement d'une série de pleines récoltes.

Avec la première méthode, pendant 3 années, je n'ai obtenu que des récoltes chétives ayant un aspect sauvage. La paille des céréales était grise ou noirâtre et cassante, le grain terne et de qualité médiocre. Ce n'est qu'après l'aration complète du sol et de fortes fumures que ces terres se sont mises à produire. Un très-grave inconvénient d'une autre sorte, et sur lequel je ne comptais pas, c'était la présence dans le sol d'une multitude de vers qui faisaient des dégâts épouvantables dans les racines des plantes qui avaient été semées dans ces défrichements.

Culture spéciale des plantes. — 1° *Pommes de terre.* Cette plante sarclée succède à un trèfle ou bien à une céréale d'hiver. Après l'enlèvement de la récolte précédente, en septembre, si le sol est en état d'être labouré, ce que la sécheresse ne permet pas toujours, on donne, après déchaumage, un labour de 18 à 20 cent. de profondeur. Il faut éviter de donner ce labour avant le mois de septembre, parce que des plantes adventices (séné et spergule), croîtraient dans certaines années, avant l'hiver, jusqu'à la maturité de leurs graines. Si par contre, on ne donne ce premier labour que vers la fin d'octobre ou en novembre, on n'obtiendra pas au printemps une terre aussi meuble que dans le premier cas, parce que dans l'hiver la chaleur manque pour faire pourrir les racines de la récolte précédente et les plantes qui se sont développées dans les chaumes. On sera alors obligé au printemps, de donner forces cultures afin d'obtenir une terre meuble telle que la pomme de terre la réclame. Le fumier conduit et répandu comme je l'ai dit, pendant les gelées, longtemps à l'avance, provoque moins la maladie spéciale des pommes de terre.

Aussitôt que les trèfles et les avoines sont semés on procède à la plantation des pommes de terre. Cette plantation se fait au bisoc attelé de 6 chevaux. Un pareil attelage est nécessaire, car c'est par ce labour que nous approfondissons la couche arable en prenant deux ou trois centimètres de terre du sous-sol. La terre, à cette époque, possède encore une fraîcheur qui facilite l'entrée du soc dans la terre vierge. Il faut deux hommes au bisoc, pour ce travail. L'un conduit l'attelage et l'autre surveille l'instrument qui doit tracer deux raies parfaitement droites, à cause du passage ultérieur des houes et buttoirs. On plante à chaque tour fait par le bisoc, ce qui place les lignes à 65 centimètres les unes des autres. Au bisoc, est attaché un marqueur, qui indique la place où chaque tubercule-semence doit être placé. Cet espacement est de 34 centimètres, dans la ligne pour les pièces ordinaires, et de 27 centimètres pour les pièces dans lesquelles on cherche des tubercules moins volumineux destinés à la semence. Nous avons dans le premier cas 40,000 pieds à l'hectare, et dans le second 55,000 pieds. Ces chiffres ont été déterminés par des expériences spéciales ayant duré cinq années. Les tubercules semences sont plantés entiers quand ils pèsent de 25 à 55 grammes, coupés en deux quand leur poids est de 55 à 100 grammes. A ce compte j'emploie 1500 à 2000 kilog. de tubercules pour planter un hectare. La plantation a lieu au plantoir entre les deux raies tracées par le bisoc. On rend cet entre-deux plus apparent en donnant au soc du premier corps de charrue, un peu plus d'entrée qu'au second, ce qui fait que la première raie est légèrement plus haute que l'autre. Trois chantiers, composés chacun d'un homme, d'une femme et d'un enfant se partagent le champ dans sa longueur. L'homme muni du plantoir (sorte de cône en fer, de 15 centimètres de haut avec 10 centimètres de diamètre à la base, enmanché au bout d'une tige en fer, à poignée, de 80 centimètres de haut) marche dans la raie ouverte et l'enfonce à chaque place indiquée par le marqueur. La femme porteuse de la semence le suit et jette une semence dans chaque trou fait par le plantoir, l'enfant rebouche *immédiatement* le trou avec une houe légère. La semence est ainsi placée de 5 à 7 centimètres de profondeur, ce qui est la position la plus favorable. Avec cette organisation, la plantation s'opère journellement sur 1 h. 40.

Après la plantation, qui a lieu pendant tout le mois d'avril et si de besoin, la première quinzaine de mai, le champ est abandonné à lui-même. Mais il faut exercer une grande surveillance afin de saisir le moment propice au hersage. Ce moment est arrivé quand la ravenelle a levé et ne possède encore que les deux cotylédons. Dans cet état, les hersages, s'ils sont accompagnés d'un temps sec, détruiront infailliblement cette terrible plante. Il faut cependant bien se garder de herser trop tôt, car par l'ameublissement de la surface, on provoquerait une levée effroyable de ces plantes, qui dévorent les chers engrais et affament la jeune pousse de la pomme de terre qui est prête à sortir. On se sert pour le hersage des deux herses légères décrites. Elles opèrent promptement sur de grandes surfaces. On donne toujours deux traits, l'un en allant et l'autre en revenant sur la même place de façon à relever le premier et à achever son travail. Quelques jours après, on recommence à herser à deux traits de la même façon mais en croisant les premiers traits si la disposition du terrain le permet. On ne doit pas craindre de déraciner ou de nuire la pomme de terre. Notre labourage de plantation, qui donne une raie plus haute que l'autre, maintient les herses au premier tour ; au second, les racines de la pomme de terre sont tellement nombreuses et fortes qu'elles suffisent pour maintenir la semence. C'est avant les hersages que l'on répand l'engrais chimique qui consiste ordinairement en 100 kilog. nitrate de soude ou sulfate d'ammoniaque à l'hectare. La pomme de terre montre ses premières feuilles du 20 mai au 10 juin. Aussitôt que les lignes sont visibles, on passe la houe à cheval. Celle-ci est suivie par le chantier des journaliers, armés de crocs à trois dents, qui remuent vivement la terre autour des plants. Bientôt on butte légèrement de manière à obtenir un très léger ados. Cette disposition n'augmente pas le produit, je m'en suis assuré, mais il est peu coûteux, il détruit encore quelques herbes parasites et il indique la place des touffes si à l'arrachage les fanes sont mortes. La pomme de terre est alors la maîtresse, rien ne pousse sous son puissant ombrage ; mieux on a protégé sa tendre jeunesse et mieux ensuite elle protège le sol contre l'envahissement des plantes parasites. De plante sarclée cette précieuse solanée devient plante étouffante.

L'arrachage a lieu à partir du 20 septembre. Il se fait à la tâche à la mesure. Tous les arracheurs se trouvent en un seul chantier, il en résulte une très grande facilité pour le chargement et l'enlèvement se fait plus rapidement. Je fais rentrer en cave ou en cellier ce qui n'est pas vendu. Il faut pendant le mois qui suit la rentrée, laisser beaucoup d'air afin que les vapeurs, abondamment émises par la pomme de terre, puissent s'échapper.

Le produit des pommes de terre a été approximativement le suivant à l'hectare :

En 1870	18,000 kil.	année	très-abondante.
1871	7,500	»	très-mauvaise en terre blanche.
1872	15,000	»	faible.
1873	19,500	»	moyenne.
1874	26,500	»	très-abondante en terre blanche, moyenne en cailloux.
1875	19,000	»	très-bonne pour les cailloux brûlants, médiocre en terre blanche.
1876	20,000	»	moyenne.

2° *Avoine*. Elle suit la pomme de terre, qui lui prépare parfaitement la place. Dès qu'au printemps on peut mettre la charrue dans les champs c'est dans ceux destinés à l'avoine qu'on le fait.

Après un labour ordinaire, on herse puis on sème au semoir, en lignes espacées de 136 millimètres, en employant 250 litres de semence par hectare. On enterre le grain de 3 à 4 centimètres de profondeur. Le semis au semoir de l'avoine ne se fait pas régulièrement si la semence est aristée, ou bien si la balle qui entoure le grain est fort longue, comme cela a lieu dans l'avoine jaune du Nord. Il faut dans ce cas faire passer la semence au fléau sur l'aire de grange; cette opération rend le grain plus court et plus coulant et les cueillers du semoir le projettent régulièrement. On donne un léger trait de herse après le passage du semoir et aussitôt que le temps le permet un roulage. Si l'on répand de l'engrais chimique c'est après le labour, immédiatement avant la herse qui précède le semoir, qu'on le fait. L'engrais de cette manière est bien mélangé au sol. La dose varie de 50 à 100 kil. de nitrate de soude par hectare. Après deux pommes de terre de suite on ne met pas d'engrais chimiques.

L'avoine lève bientôt. C'est alors que l'on voit si on aura une bonne ou une mauvaise récolte suivant la manière dont la ravenelle fait son apparition. Si elle est abondante malheur, à l'avoine. On ne peut la détruire en partie que par un sarclage-binage. En 1876 j'ai semé toutes mes avoines en lignes espacées de 24 centimètres, et je les ai binées au moyen de la houe à céréales. Ce travail a été excellent, mais l'espacement des lignes était trop considérable, ce qui a nui à la récolte. Pour cette année (1877) j'ai espacé les lignes à 19 centimètres et j'ai passé la houe avec facilité. Je me suis assuré des bons effets de ce travail que j'étends à toutes mes avoines. Le rehersage, quand l'avoine a 2 ou 3 feuilles, ne m'a pas ordinairement donné de bons résultats.

La moisson se fait à la faulx où à la moissonneuse. On lie en petites gerbes et on met aussitôt en cavaliers faits avec 4 gerbes dressées, recouvertes par une cinquième, formant cornette, placée de telle sorte que l'ouverture soit tournée du côté du Nord-Est. On laisse ainsi l'avoine dans les champs jusqu'à ce qu'elle soit parfaitement sèche, afin de ne pas avoir d'échauffement en grange.

Le produit pendant les 4 dernières années a été pour ce grain approximativement.

En 1873,	variété	Hongrie blanche,	31 hectol.	pesant	40 kil.
	»	Jaune du Nord,	39	»	45
1874	»	»	40	»	46
1875	»	»	45	»	40
1876	»	»	40	»	45

3° *Seigle, blé, méteil.* Aussitôt l'avoine enlevée, on donne au sol un déchaumage. Si l'on doit chauler on conduit la chaux puis on laboure à la profondeur ordinaire. A partir du 10 septembre, on sème au semoir, en lignes espacées de 136 millimètres, en mettant, avant le 25 septembre, 150 litres de seigle ou 180 litres de méteil (1/6 seigle 5/6 blé) ou bien 200 litres de blé, le tout mesuré en grains secs. Après le 25 septembre il faut augmenter les quantités de semence de 1/10. La semence de blé et de méteil est préparée avec une dissolution de sulfate de cuivre à raison de 100 grammes par hectolitre. On enterre le grain à 5 centimètres et on herse avant et après le passage du semoir. On roule si le temps est propice à cette opération. La semaille commence du 5 au 10 septembre, on tâche de finir dans le courant du même mois. Les semailles hâtives étant ici toujours de beaucoup les meilleures.

Au printemps on répand les engrais chimiques aussitôt que les plantes donnent signe de vie, quand le sol peut porter le semeur. On applique, suivant les cas, de 50 à 150 kil. d'engrais (nitrate de soude ou sulfate d'ammoniaque). Quand le sol est bien ressuyé, il faut presque toujours rouler avec le gros rouleau en fonte, un nombre plus ou moins grand de pieds étant déchaussés. Dans le cas contraire on donne un hersage.

Bien des personnes, peu au courant des habitudes agricoles, se demandent quelle est l'utilité du méteil ; elles pensent que ce mélange de deux plantes qui ne mûrissent pas leur grain dans le même moment, n'est pas rationnel. Voici à cet égard ma manière de voir. Le mélange connu sous le nom de méteil et dont la semence est préparée avec 1/4, 1/5 ou 1/6 de seigle, le reste étant du blé, est avantageux dans les terres légères, dites à seigle, quand elles ont reçu un certain degré d'amélioration. Le rendement du mélange obtenu est supérieur à celui que donnerait du seigle seul ou bien du blé seul. Le méteil a une valeur commerciale supérieure à celle du seigle et la paille du méteil est toujours abondante et se vend bien. Le mélange des deux semences, dans les proportions indiquées plus haut, d'autant moins de seigle que les terres lui sont plus propices et réciproquement, fournit un produit renfermant environ 1/2 seigle et 1/2 blé. La maturité du seigle est retardée et celle du blé est avancée. Ce fait n'a rien d'étonnant : on sait que les plantes céréales semées clair ont une tendance à toujours taller et à retarder leur maturité et que les plantes semées épais ou entravées dans leur végétation, se mettent plus vite à grains. Le premier cas est applicable au seigle qui domine le blé, le second au blé qui est en quelque sorte étouffé par le seigle.

La moisson se fait à la faucille, pour le seigle dont la paille est destinée à la confection des liens : à la faulx où à la machine pour le reste. On coupe aussitôt que le grain n'est plus pâteux, mais quand une forte pression des doigts peut encore l'écraser. Si l'on coupe plus tôt et que le temps soit *sec et chaud*, j'ai remarqué que le grain est mal nourri. Le contraire a lieu avec un temps pluvieux. On lie au fur et à mesure de la coupe, j'aime à ce qu'aucune javelle ne passe la nuit sur le sol. On forme aussitôt les dizeaux. J'attache une très-grande importance à la confection des dizeaux, car souvent il faut les laisser 15 jours et 3 semaines dans les champs jusqu'à parfaite dessication des gerbes. Afin d'obtenir un bon résultat voici comment on procède. Deux hommes, toujours les mêmes, dressent 9 gerbes en les écartant un peu du pied pour assurer la solidité du dizeau et aussi pour que l'air circule entre les gerbes et les dessèche; pendant que l'un des deux opérateurs ouvre à la poignée la gerbe destinée à faire le chapeau, l'autre muni d'un cordeau portant un anneau à son extrémité, en entoure les 9 gerbes dressées, à la moitié de leur hauteur, passe l'extrémité du cordeau dans l'anneau et serre doucement jusqu'à ce que toutes les têtes des gerbes s'étant fortement rapprochées, présentent, toutes réunies, l'apparence d'un cône. On fixe le cordeau; le chapeau est prêt. Celui qui l'a préparé l'enlève, le met sur les gerbes dressées et les deux hommes, placés de chaque côté du dizeau, tirent fortement le chapeau dessus, disposent les côtés du chapeau de manière à obtenir une bonne couverture, et seulement alors on retire le cordeau, le dizeau est terminé. Au bout de 24 heures ou même après une nuit, le dizeau a pris son tassement normal et il résiste parfaitement aux vents et aux pluies prolongées.

Le rendement du seigle par hectare a été :

En 1871	de 17	hectolitres.
1872	24	»
1873	pas semé.	
1874	22	hectolitres.
1875	25	»
1876	pas semé.	

Le rendement du méteil par hectare a été :

En 1873	de 15	hectolitres.
1874	22	»
1875	28	»
1876	24	»

Le rendement du blé par hectare a été :

En 1871,	blé de pays semé sur jachère,	19 h.
1872,	»	16

1873, blé de pays	12	poids à l'hectol.	73
1873, blé blanc Hunter	17	»	74
1874, »	27	»	77
1875, »	28	»	73
1876, pays	28	»	79
1876, Hunter (un peu gelé)	19	»	79

4° *Trèfle et herbes.* Le trèfle se sème toujours dans une céréale d'hiver, c'est ici sa place favorite. Il est semé vers la fin de mars, au semoir, à raison de 20 kil. par hectare. Nos terres étant toujours très-plombées après l'hiver, on laisse trainer sur le sol les pieds du semoir. Le trèfle est ainsi déposé dans de petits sillons de un demi centimètre de profondeur ce qui assure sa levée. Aussitôt le trèfle semé, on répand aussi, au semoir de la même manière que pour le trèfle et en croisant les trains du semis du trèfle, 3 kilog. de graines de fléole des prés par hectare. Maintenant j'accélère beaucoup ce travail, du semis du trèfle et de la fléole, en mélangeant ensemble les deux graines dans la proportion voulue et en semant une seule en fois. Ce mélange se fait parfaitement.

J'ai dit en parlant des rotations, que j'avais été, après 3 années d'insuccès, obligé de renoncer à semer le trèfle dans les céréales de mars. Je crois avoir trouvé la cause de cet insuccès. Notre sol est très-lent à s'échauffer et les gelées blanches sont fréquentes en avril et mai, alors que le trèfle vient de lever et que les jeunes plants d'avoine ne sont pas assez forts pour le protéger contre ces gelées qui le détruisent. Il n'en est pas de même dans les céréales d'hiver et surtout dans le seigle. Ces céréales déjà fortes et touffues servent d'abri au trèfle. Cette semaille est suivie soit par un roulage, soit par un hersage léger suivant l'état de la céréale protectrice. Le trèfle ne réussit pas encore assez bien pour être semé seul. Souvent il y a des places où, poussant mal, il se laisse envahir par le plantain, la petite oseille ou la pensée. La présence de la fléole suffit pour empêcher ou atténuer cette végétation parasite. Le champ reste plus propre et le rendement en fourrage est augmenté. Le raygrass d'Italie ne m'a pas donné d'aussi bons résultats que la fléole, il est beaucoup trop hâtif, particulièrement pour la seconde coupe, les graines du raygrass sont mûres et tombent avant que le trèfle soit bon à couper. Le mélange du trèfle et de la fléole présente encore un autre avantage, dans les années où la semaille du trèfle a mal réussi, il permet de conserver, pendant une seconde année, la prairie artificielle. Le trèfle est alors beaucoup moins abondant dans le mélange; mais la fléole, qui a fortement tallé, fournit une masse fourragère énorme qui compense et au-delà la perte du trèfle.

Aussitôt la céréale protectrice, enlevée on conduit 15 à 20,000 kil. de fumier par hectare. Cette fumure en couverture, dont on retrouve à peine des débris au printemps, donne au trèfle une vigueur qui lui permet de résister à l'hiver et en augmente beaucoup le produit.

Il ne faut appliquer à la céréale protectrice qu'une très-faible fumure en sels ammoniacaux (pas plus de 100 kilog. à l'hectare) sous peine de nuire au trèfle.

Le trèfle présente dans nos terres un grave inconvénient. Il favorise la naissance et l'accroissement d'un nombre infini de vers de toutes sortes. Ces animaux ne font pas de mal appréciable, du moins dans le trèfle, mais leur présence empêche de faire suivre le trèfle par une céréale dont ils dévoreraient les jeunes racines.

5° *Bettteraves.* Elles sont cultivées sur une très-petite échelle. Il nous faut donner à cette plante nos meilleurs champs. Sur nos terres froides la plantation en grains ne réussit que très-rarement, lorsque les temps qui accompagnent la plantation sont favorisés par une température élevée. Nous repiquons donc à la charrue, dans une terre qui, après la récolte de pomme de terre fumée, a reçu une fumure de fumier de 30 à 35,000 kilog. à l'hectare et 300 kilog. d'engrais (nitrate de soude); en terre bien ameublie par 3 labours successifs. Une terre très-meuble, plûtot ressuyée que fraîche, et un beau temps sont ce qu'il y a de mieux pour le repiquage, qui a lieu à la fin de mai. 10 hommes ou femmes, espacés derrière la charrue, plantent de deux tours l'un, dans l'entre deux des raies en mettant les plants à 27 centimètres de distance les uns des autres, de manière à avoir 55,000 pieds par hectare. Aussitôt que les betteraves ont commencé à végéter et que l'on voit les lignes, on passe la houe à cheval et deux binages donnés ensuite à la main assurent la réussite de cette plante.

Le rendement a été en 1873 de 50,000 kilog. à l'hectare.

1874	48,000	»
1875	45,000	»
1876	45,000	»

6° *Tabacs*. La culture du tabac n'est pas libre. Je n'en dirai que deux mots. Il faut très-fortement fumer si l'on veut obtenir un poids convenable à l'hectare. J'applique en deux fois 60 à 70,000 kilog. de fumier à l'hectare et au moment de la plantation 500 kil. d'un mélange sulfate d'ammoniaque et nitrate de soude. La préparation du sol est la même que celle décrite pour les betteraves. J'ai trouvé avantage à sécher en pied, à cause, sans doute, de la situation des bâtiments qui est un peu élevée et où par conséquent il règne toujours un courant d'air assez vif.

Les rendements ont été :

En 1870	de 2194 k. à l'hect,	le prix de vente aux 100 k. de	79,00
1871	2040	»	97,70
1872	2050	»	104,00
1873	1920	»	100,10
1874	2447	»	111,30
1875	3000	»	101,73
1876	1200	»	80,00

7° *Topinambours*. Ils reçoivent les même soins que les pommes de terre. Je ne les laisse qu'une seule année sur le même terrain, m'étant aperçu que leur produit diminuait notablement la seconde année. Ils sont plantés dans les plus mauvais champs de la ferme (grève brûlante), ils sont toujours suivis par une pomme de terre qui permet un parfait nettoiement du sol.

Leur produit a été à l'hectare, en 1873 de 30,000 kilog.

1874	22,500
1875	33,000
1876	38,000

Houblonnière. — Elle est placée à l'Est de la forêt dans une position abritée contre les grands vents du Sud-Ouest.

C'est une culture dispendieuse qui, comme le tabac, demande à être faite dans de riches conditions pour être profitable.

C'est pour cette raison que j'ai placé la houblonnière sur le terrain le plus fertile dont je disposais. On applique une fumure annuelle de 15 à 20,000 kilog. par hectare.

Je cultive deux variétés de houblons, une hâtive, connue sous le nom de Spalt et une tardive dite ordinaire. La variété hâtive, qui a un développement foliacé moindre que la variété ordinaire, est plantée plus serrée que l'autre. Les plants sont distants entre eux de $1^{m},40$ en tous sens, soit environ 5,000 plants à l'hectare. On utilise dans cette plantation les perches qui ne sont plus suffisamment fortes pour le houblon ordinaire.

La plantation du houblon ordinaire a été faite à raison de 2,600 pieds à l'hectare. Le système des perches préférable, selon moi, au système des fils de fer, a été adopté.

La cueillette se fait à la tâche au kilog.

La dessication des cônes a lieu dans une étuve, d'un nouveau système, que j'ai fait construire suivant les principes de la physique. Cette étuve expédie promptement et parfaitement le travail, sur le pied de 3 à 400 kilog. de houblon sec par 24 heures.

La houblonnière a été plantée en 1872.

Le rendement a été par hectare, en	1873 de	720 kil.
»	1874	1250
»	1875	1800
»	1876	400

Prairies naturelles. — Elles occupentles parties basses des terres.

Les deux seules améliorations qui augmentent leur produit sont l'irrigation et la fumure.

1° *Irrigation.* Elle se fait à partir des pluies d'automne au moyen des eaux que fournissent les terres supérieures, n'appartenant point à l'exploitation, après que la pluie les a saturées. Ces eaux, dépendantes des météores, sont par conséquent peu régulières. Cependant, pendant la saison d'hiver l'évaporation ayant peu d'influence, elles valent la peine d'être utilisées, si on a un système d'application peu coûteux. D'ailleurs il faut remarquer que les eaux dont je dispose, et particulièrement celles qui arrivent les premières en automne, sont toujours troubles et c'est par le limonage qu'elles exercent leur effet bienfaisant.

On ne peut supposer un autre mode d'action car, quand les terres sont saturées d'eau, les prés le sont aussi. Ces eaux sont reçues à leur entrée dans la prairie, dans de fortes rigoles à section décroissante, ayant 3 à 4 centimètres de pente par hectomètre. L'eau est ensuite déversée dans la prairie par le système d'irrigation, dit en épi; elle se répand dans la prairie et gagne plus ou moins promptement un fossé inférieur d'où on peut la reprendre pour servir encore. La prairie présente une pente variant de 3/4 à 1,5 0/0. C'est trop peu de pente et il y a trop peu d'eau pour permettre l'établissement d'un bon système d'irrigation.

2° *Fumure.* Chaque trois ans on fume les prés à la dose de 15,000 kilog. de fumier à l'hectare. Sans cette fumure le produit des prairies serait presque nul. On fume dès le mois de septembre, c'est le meilleur moment.

Le drainage n'a pas donné de résultats économique dans les prairies. L'humidité en excès de l'hiver a disparue, la terre s'est desséchée de meilleure heure et la récolte du foin a été très-peu augmentée.

Les soins d'entretien en dehors du curage annuel des rigoles, sont : l'épandage des taupinières et des fourmillières, la prise des taupes au printemps, la destruction de la colchique par l'arrachage en mai des pousses de l'année et de la patience dont on coupe la racine entre deux terres à la bêche.

La coupe du foin est très-difficile à cause de la prédominance de la petite fetuque (vulgairement poil de chien), les légumineuses sont rares.

On coupe à la faulx ou à la faucheuse, suivant la nécessité. On se sert de la faneuse et du rateau à cheval. Avec ces instruments et quand le temps est beau, on suit, pour faire un bon foin la méthode suivante :

On répand à la faneuse, lorsque la rosée a disparue, tout le foin coupé avant 11 heures. On le retourne une fois de 1 heure à 3 heures et après 4 heures on ramasse au rateau, on forme des tas de 4 à 5 bottes de foin pour passer la nuit afin que le foin ne blanchisse pas. Le lendemain on répand ces tas à la fourche après la rosée partie. On retourne vers midi puis on ramasse après 3 heures, on charge et on rentre. Le foin ainsi récolté est vert et lourd. Quand le temps est mauvais on fait comme on peut.

Le tableau suivant fait connaître le produit des prairies.

Année de récolte :	1869,	produit à l'hectare, 1re coupe	1000 kil.
»	1870	»	1000
»	1871	»	3000
»	1872	»	2750
»	1873	»	2500
»	1874	»	1750
»	1875	»	1950
»	1876	»	2000

5e SECTION

BÉTAIL DE RENTE

Les animaux de rente n'existent sur l'exploitation que pour subvenir aux besoins du ménage. C'est pour cette raison que l'on entretient habituellemeut deux vaches, 2 à 4 porcs, et une centaine de volailles. Il n'y a donc rien à dire là-dessus. Je décrirai seulement, parce que c'est une méthode peu connue, la manière dont on s'y prend pour connaître l'âge des poules, ce qui est important, si l'on veut avoir un poulaillier d'un bon rapport, les vieilles poules de plus de 4 ans étant mauvaises pondeuses et offrant à la table une chair coriace. Quand les jeunes volailles sont âgées de 4 à 6 semaines on leur coupe une phalange d'un doigt d'une des pattes, l'année suivante on coupe, toujours aux jeunes de 4 à 6 semaines une autre phalange, à la troisième année on fait la même opération sur une autre phalange et enfin la quatrième année on laisse la patte intacte. Les phalanges ainsi coupées ne repoussant pas, on sait à l'inspection, non des dents mais de la patte, l'âge de la volaille en se souvenant de l'année pendant laquelle on a fait l'incision de telle ou telle phalange ce dont il faut tenir bonne note.

PARTIE ÉCONOMIQUE

6e SECTION

RÉSULTATS FINANCIERS

Pour apprécier à leur juste valeur les résultats financiers de l'exploitation, il importe de connaître la manière dont les comptes sont organisés et tenus et le capital employé.

Comptabilité. — La comptabilité éclaire et facilite l'administration de de l'exploitation en lui fournissant une foule de renseignements. C'est en même temps la meilleure mesure d'ordre que l'on puisse adopter. Aussi, dès le début de mon exploitation j'ai tenu une comptabilité régulière. Pendant quelques années, je me suis contenté du système dit en partie simple, mais accompagné de moyens spéciaux et personnels de vérification, que l'usage m'avait révélé. Ayant ensuite reconnu que ce système n'était point aussi assuré contre les erreurs que celui dit, système des parties doubles, je l'ai abandonné et aujourd'hui ma comptabilité est tenue en parties doubles.

Etant mon propre comptable et teneur de livre, j'ai dû chercher des méthodes applicables et à ma situation de cultivateur, et au temps limité dont je dispose par suite des charges très-diverses que j'ai à remplir.

Cultivateur et comptable tout à la fois, je considère mon exploitation agricole comme un tout bien lié et unique, qui doit me fournir, en tant qu'industrie, le profit le plus élevé possible. Je n'ai par conséquent point séparé, les unes des autres, les différentes branches de la production agricole, pour les présenter comme des spéculations distinctes. Je n'ai ni comptes d'ordre, ni comptes de répartition. J'ai seulement adopté, comme je vais le montrer tout à l'heure, un certain classement pour les recettes et pour les dépenses.

3 livres sont nécessaires pour l'application de ma méthode. Ce sont :

1° Le livre d'inventaire.

2° Le livre de Caisse-Journal-Grand-Livre.

3° Le livre de Comptes personnels.

J'ai quelques autres livres auxiliaires pour les journées, les consommations des chevaux, etc.

Les livres d'inventaire et de comptes personnels ne présentent, dans leur forme rien de particulier.

Pour l'Inventaire je le fais le 1er juillet, et mieux vaudrait le 1er juin, à cause de la facilité des estimations des matières en magasin à cette époque. Deux choses présentent surtout des difficultés à l'estimation. Ce sont : les machines et les avances aux cultures en terre. Voici pour ces deux articles comment je procède.

1° *Instruments*. Je fais subir à l'ensemble de l'inventaire des instruments de l'année précédente, une perte de 10 0/0 pour amortissement et usure. J'ajoute à la valeur ainsi obtenue, les dépenses en achats d'instruments neufs ayant eu lieu dans l'année courante, et je retranche de cette valeur le montant des recettes faites dans l'année pour vente d'instruments. Je considére les dépenses faites, depuis l'inventaire précédent, pour l'entretien des instruments, comme une dépense annuelle. De cette manière, le mobilier mort perd environ chaque année, 20 0/0 de sa valeur.

2° *Avances au sol*. Elles sont de trois sortes, les engrais en terre, le travail et les semences.

Tous les engrais en terre (fumiers, engrais commerciaux, chaux, etc.) sont estimés au prix d'achat, pris à Lunéville, sans y ajouter les dépenses, occasionnées par les chargements, transports, déchargements et épandages, qui sont portées directement aux salaires. On sait qu'une seule récolte n'épuise pas totalement les engrais mis en terre. Afin de ne point charger ce compte, ni enfler mon avoir, tout en me rapprochant des faits, je me borne à porter à l'inventaire, outre la valeur du prix d'achat des engrais qui n'ont encore donné aucun produit, la moitié de la valeur achat des engrais enfouis l'année précédente, qui eux, ont donné une seule récolte. La valeur du travail, des hommes et des chevaux, fait aux récoltes en terre au moment de l'inventaire, n'est pas estimée. Il y a en effet une similitude à peu près complète d'une année à l'autre, lorsque le système et les procédés de culture ont peu varié, et cette estimation occasionnerait chaque année un travail inutile puisque la même somme, ou à très-peu de choses près, serait portée à l'avoir et au doit. Cependant, pour satisfaire au désir de la commission, j'ai du en faire l'estimation qui est de 11,300 francs. La valeur des semences est inscrite d'après les quantités employées estimées au cours.

Voici d'ailleurs l'inventaire détaillé arrêté au 30 juin 1876.

Inventaire du 30 juin 1876.

I. Mobilier vivant :	9 chevaux	4,300,00	
»	4 bœufs	1,600,00	
»	2 vaches.	800,00	
»	2 porcs.	80,00	
			6,780,00
II. Mobilier mort.			13,985,15
III. Semences en terre			3,685,28
IV. Engrais en terre			9,755,26
V. Denrées en magasin, fumiers au tas			3,056,08
			37,261,69

Le livre de Caisse-Journal-Grand-livre est tenu par doit et avoir. Il est à colonnes dont voici les titres. Caisse, débiteurs et créditeurs, ménage, magasin, salaires, frais généraux, mobilier, cultures, semences, engrais, bétail. Chaque colonne a son doit et son avoir.

A la fin de chaque page, s'il n'y a pas d'erreurs, l'addition de tous les *doit* doit être égale à l'addition de tous les *avoir*. Chaque page terminée est ainsi immédiatement vérifiée avant d'être reportée à la page suivante. Toutes les inscriptions faites dans les colonnes Débiteurs et Créditeurs, se transcrivent au livre de comptes-personnels, de telle sorte, que tous les doit du livre de comptes-personnels doivent être égaux à tous les doit du Caisse-Journal-Grand-Livre, il en est de même pour les avoir.

A la fin de l'exercice on ajoute au doit, le montant de l'inventaire d'entrée ; à l'avoir le montant de l'inventaire de sortie et la balance de l'exploitation est faite immédiatement.

Capital. — Quel est le capital nécessaire pour appliquer le système de culture que je viens de décrire en détail ?

L'inventaire comparé à celui qui l'a précédé établit notre situation personnelle, le capital engagé au moment où se fait l'inventaire mais point le capital d'exploitation nécessaire à la marche de la culture.

Celui-ci se compose de toutes les sommes ou valeurs qui ont du être engagées dans l'exploitation jusqu'au moment de la réalisation des produits. Il ne doit pas être enflé par le bénéfice de l'année non plus que diminué par les pertes, ce qui a lieu lorsque l'inventaire étant fait au commencement de l'hiver, on estime les récoltes, non d'après les frais qu'elles ont occasionnées, mais d'après leur valeur réalisable.

J'établis le capital d'exploitation employé à Bellevue de la manière suivante :

1° Montant de l'inventaire au 30 juin 1876	37,261,69
2° Valeur du travail des hommes et chevaux, estimé, sur la demande de la commission, être à la même date de.	11,300,00
3° Fumiers de cavalerie et chaux accumulés avant le 15 septembre, au minimum.	3,000,00
4° Une année de fermage, impôts, frais généraux. .	6,300,00
5° Espèces en caisse, nécessaires pour arriver en septembre à l'époque de la réalisation des produits . .	4,000,00
	61,861,69

Soit pour une surface de 88 hect. 57 de terres productives, un capital de 700 fr. par hectare.

Tel est le capital indispensable, pour appliquer le système de culture en usage à Bellevue. Il ne serait même pas prudent de s'engager ainsi sans une réserve. Car je ferai observer :

1° Qu'il y a des dépenses d'entrée en ferme ou d'installation dont il n'est pas parlé qui devraient être. soit amorties annuellement soit reportées à la fin du bail. Il faut vivre 18 mois, quelques fois deux années avant de réaliser les récoltes.

2° Que rien n'est porté pour beaucoup de petites améliorations, toujours indispensables lors d'une entrée en ferme, et pour les grands frais que nécessite le premier nettoiement d'un sol infesté de mauvaises herbes.

3° Que l'amortissement du mobilier et particulièrement des engrais est excessivement prompt, ce qui n'a pas lieu en pratique, surtout pendant les premières années de la culture d'un domaine épuisé.

4° Enfin que les trois premières années d'une culture améliorante, qui s'exerce au milieu des travaux considérables, de drainage, de nivellement des champs, de réparation de bâtiments, etc., etc., que j'ai décrits, sont inséparables de dépenses ou de non-récoltes, qui devraient être portées au capital d'installation. L'exploitant lui-même arrive dans un milieu nouveau et doit faire encore un apprentissage de la localité, de la terre, etc. J'insiste sur ces considérations parce que l'on est trop disposé à croire à la possibilité de faire de l'agriculture sans capitaux. N'avons nous pas vu, en effet, certain professeur d'économie rurale, arriver, par une méthode de comptabilité simplifiée, à supprimer une bonne partie du capital d'exploitation. C'est là pour la jeunesse enthousiaste, le plus dangereux de tous les enseignements; car, il est malheureusement trop vrai que le feu sacré ne suffit pas pour mettre le pot au feu; et que des entreprises agricoles faites avec des capitaux insuffisants, conduisent souvent à des catastrophes dont sont victimes et les imprudents entrepreneurs et la cause de l'agriculture raisonnée et progressive.

Bilan. — Les bilans des 3 dernières années de l'exploitation sont les suivants :

ANNÉES	DÉPENSES ANNUELLES ET INVENTAIRE D'ENTRÉE.	RECETTES ANNUELLES ET INVENTAIRE DE SORTIE.	BÉNÉFICES.
1873-74	88,397,49	96,559,04	8,161,55
1874-75	77,814,98	87,406,53	9,591,55
1875-76	76,636,25	82,240,33	5,604,08 (1)

(1) C'est à la perte de 60,000 kilog. de pommes de terre, échauffées en silos, qu'est due la diminution des bénéfices de cet exercice, sans cet accident, les bénéfices auraient égalé ceux de l'année précédente.

Ces résultats financiers sont ceux dits culturaux, ils ne comprennent pas la plus value foncière et agricole donnée à l'exploitation, qui est un des résultats dû a l'application du système de culture pratique. Les bénéfices accusés sont ceux réalisés en argent. D'un autre côté, les dépenses de l'exploitation comprennent tous les déboursés nécessités par les nombreuses expériences et études qui ont été faites depuis 7 ans à Bellevue.

Produit brut. Produit net. — Sur la demande de la commission, j'ai fait la répartition de tous les frais annuels à la récolte de 1876, par chaque nature de récolte. Les résultats de ce travail sont compris dans les deux tableaux ci-après.

I. — Répartition des frais du tableau II, à l'hectare et à chaque nature de récolte.

	Pommes de terre.	Carottes.	Betteraves.	Topinambours.	Maïs.	Tabacs.	Choux cabus.	Blé.	Méteil.	Avoine.	Sarrasin.	Vesce et avoine.	Trèfle et fléole.	Luzerne.	Houblons.	Prairies naturelles.
Travail....	333.30	903.04	356.94	300.00	215.88	901.07	564.00	143.30	146.38	122.79	157.44	82.42	57.28	133.86	539.88	59.70
Engrais ...	133.91	133.91	133.91	133.91	133.91	535.65	133.91	133.91	133.91	133.91	133.91	133.91	133.91	133.91	133.91	66.95
Frais génér.	76.98	76.98	76.98	76.98	76.98	76.98	76.98	76.98	76.98	76.98	76.98	76.98	76.98	76.98	76.98	76.98
Semences..	88.24	40.00	57.86	53.57	16.58	80.00	75.00	66.90	58.50	26.43	20.50	33.00	30.78			
Assurance..						86.00		4.90	6.83	5.62					82.08	
Mobilier...						30.00									227.00	
Paille-liens								6.00	6.50	5.65		7.10	8.15			4.60
Coak......															15.50	
	632.43	1153.93	625.69	564.46	443.35	1709.68	849.89	431.99	409.10	371.38	388.83	333.41	307.10	344.75	1075.15	208.23

II. — Répartition des frais, en bloc,

	Pommes de terre ferme.	Pommes de terre des manœuvres.	Carottes.	Betteraves.	Topinambours.	Maïs.	Tabacs.
Surface.	22h.10	2h10	0h.30	1h.16	0h.84	1h.60	1h.00
Travail	7343.48	Pour mémoire.	270.91	414.05	251.59	345.40	901.07
Engrais	2959.39		40.18	156.34	112.49	214.25	535.65
Frais généraux	1702.37		22.10	89.50	64.67	123.17	76.98
Semences	1950.00		12.00	60.00	45.00	26.50	80.00
Assurance grêle							86.00
Mobilier spécial							30.00
Paille de liens							
Coak							
	13955.24		345.19	719.69	473.75	709.32	1709.68

[1] Le total des dépenses en travail se décompose comme suit :

Salaires	12000f 00
Attelages, nourriture prise à la ferme	5212 96
Idem. achetée	205 10
Amortissement, ferrage et harnais	965 00
Entretient du mobilier mort général	1895 62
	20278 68

Ce total se répartit, 16479 fr. 85 directement aux récoltes et 3798 fr. 83 aux engrais.

[2] Les dépenses en engrais se décomposent comme suit :

Engrais de toute nature achetés (prix d'achat)	5947f 02
Fumier produit par es animaux de la ferme	1216 80
Valeur en travail appliqué aux engrais	3798 83
	10962 65

[3] Les frais généraux comprennent le fermage, les impôts, l'assurance contre l'incendie et l'entretient des bâtiments et chemins.

[4] La paille de liens est un produit de l'exploitation qui n'est pas porté aux recettes des bilans.

pour chaque nature de récolte.

Choux cabus.	Blé.	Méteil.	Avoine.	Sarrasin.	Vesce et avoine.	Trèfle et fléole.	Luzerne.	Houblons.	Prairies naturelles.	Total.
0h.10	0h.60	10h.50	25h.42	0h.48	0h.65	4h.80	0h.55	1h.50	15h.07	88 h.57
56.40	85.98	1539.05	3121.18	65.97	53.57	274.93	46.85	809.82	899.60	16479.85[1]
13.40	80.34	1406.04	3403.97	64.27	77.05	642.76	46.87	200.86	1009.01	10962.65[2]
7.76	46.20	808.33	1957.93	56.95	50.04	369.52	25.95	115.48	1160.14	6656.89[3]
7.50	40.00	402.40	672.00	10.00	22.00	147.40				3474.80
	2.93	71.66	142.70					123.11		426.40
								340.00		370.00
	3.60	67.50	142.00		4.71	59.25			78.65	535.71[4]
								20.00		20.00
85.06	259.05	4294.98	9439.78	117.19	207.57	1473.86	119.67	1609.27	3147.40	38726.50

Les répartitions ont été faites de la manière suivante :

Travail d'après le livre auxiliaire et suivant l'application faite aux diverses cultures par heures et journées.

Engrais. Si l'on en excepte le tabac et les prairies naturelles, la répartition a été faite par hectare également pour toutes les récoltes. Le tabac, qui reçoit une double fumure en fumier avec 500 kil. de nitrate de soude doit payer ces engrais ; il est vrai qu'il laisse après la récolte une terre très-fertile. Les prairies naturelles ne reçoivent, annuellement par hectare, que moitié de fumier des terres arables.

Frais généraux répartis par hectare également.

Semences, assurance, grêle, etc., sur toutes les récoltes, suivant leur emploi à chaque culture.

Toutes les méthodes de répartition proposées par les économistes pèchent en quelques points, il en est de même de celles que j'ai adoptées. Comme je l'ai dit, en exposant la méthode suivant laquelle je tiens ma comptabilité, on ne peut juger de la valeur d'une production prise isolément. Même et surtout après les répartitions, il faut faire la synthèse en rapprochant, comparant, étudiant chaque genre de production, séparée de celles qui la précèdent, de celles qui la suivent et enfin de tout l'ensemble.

C'est alors que les chiffres sont estimés par l'intelligence du cultivateur, à leur juste valeur car, dans ces sortes de calculs, les valeurs exprimées par les chiffres sont toujours relatives et jamais absolues.

Pour obtenir le produit brut exact, je dois retrancher de la somme totale des frais, inscrite dans le tableau II, qui est de 38,726,30 la somme des valeurs provenant de l'exploitation, valeurs qui n'ont été portées, ni en recettes ni en dépenses, dans les bilans, savoir :

Nourriture des attelages	5,212,96	
Fumiers des animaux de la ferme . . .	1,216,80	
Paille-liens.	335,71	
		6,765,47
Reste. . .		31,961,03
A ce total il faut ajouter le produit net moyen annuel constaté dans les bilans ci-dessus qui est de. .		7,789,06
Le produit brut annuel total est de.		39,750,09

En rapportant ces chiffres à l'hectare et en faisant la répartition entre les 93 hectares de l'exploitation totale nous avons :

Produit bruit à l'hectare	427 francs.
Produit net à l'hectare	84
Dépenses annuelles à l'hectare.	343

7ᵉ SECTION

RÉSUMÉ

Dans le cours de mon mémoire pour le concours de la prime d'honneur, j'ai montré l'enchaînement des circonstances qui m'avaient amené à l'organisation du système de culture pratiqué à Bellevue. J'ai décrit l'exécution des améliorations qui devaient précéder, en le rendant possible, l'application de ce système de culture. J'ai fait connaître les forces mises en œuvre dans l'exploitation et, sous le titre de procédés de culture, j'ai montré l'emploi de ces forces. Enfin j'ai fait connaître les résultats financiers de l'entreprise.

Avant de terminer ce trop long et trop court mémoire, il me paraît utile de retracer à grands traits la marche que j'ai suivie depuis mon entrée à Bellevue, de constater l'état de la production actuelle et de dire l'avenir que le passé paraît promettre à l'exploitation.

Le point de départ était faible. Une terre imperméable, épuisée, sale, donnant de minimes récoltes.

Les années de culture de transition, 1870 et 1871, malgré de fortes fumures et le drainage de la moitié de la surface de la ferme, n'offrent pas de meilleures récoltes. La terre se sature d'engrais; le nettoiement du sol, opération de longue haleine, est encore insignifiant ; les grains hivernaux sont mal placés sur les terres non drainées ; les gazons défrichés sont rebelles à la production; la jachère a été trop systématiquement repoussée, faute grave dans des terres pauvres et sales. Ajoutons à ces causes la guerre d'une part et, sans fausse honte, avouons d'autre part que nous devions faire l'apprentissage de la localité toutes choses fâcheuses au point de vue du produit net.

En 1872 toutes les terres sont drainées; les récoltes déjà meilleures font entrevoir l'avenir ; les tatonnements inséparables d'un début prennent fin ; les expériences culturales traçent la route.

En 1873 la période de transition est passée ; la culture est assise ; les mauvais gazons défrichés entrent en production régulière : les procédés culturaux sont appliqués sans hésitations ; les champs sont cultivés à plat ; les instruments, si précieux pour suppléer à la main-d'œuvre, deviennent, à cause de la culture à plat, d'un emploi facile ; la valeur des engrais de commerce, relative au sol et aux plantes, est connue ; le personnel est formé au commandement, au maniement de la terre, des instruments et à la manipulation des engrais.

J'ai fait connaître les inventaires et les bilans de cette période de culture normale. J'ai aussi montré à quelle productivité les terres avaient été amenées.

Les rendements moyens des 3 dernières récoltes, expression sûre de la fertilité acquise par le sol sont, à Bellevue de 21,000 kilog. à l'hectare pour les pommes de terre, 1,800 kilog, de grains à l'hectare pour les blés, méteils et avoine et ces rendements sont obtenus sur toutes les terres, les bonnes comme les mauvaises. Ces dernières étaient autrefois engazonnées, elles s'étendaient sur une surface de 20 hectares.

En continuant simplement le même système de culture, soutenu par les mêmes forces, nous arriverions infailliblement à des produits bruts et nets plus élevés.

www.ingramcontent.com/pod-product-compliance
Ingram Content Group UK Ltd.
Pitfield, Milton Keynes, MK11 3LW, UK
UKHW020206200726
13856UKWH00003B/1233

9 782013 341578